ANIMAL SCIENCE

林 良博・佐藤英明・眞鍋 昇 [編]

アニマルサイエンス❷

第2版

ウシの動物学

遠藤秀紀 [著]

東京大学出版会

Zoology of Cattles 2nd Edition
(Animal Science 2)
Hideki ENDO
University of Tokyo Press, 2019
ISBN978-4-13-074022-7

刊行にあたって

　アニマルサイエンスは，広い意味で私たち人類と動物の関係について考える科学である．対象となるのは私たちに身近な動物たちである．かれらは，産業動物あるいは伴侶動物として，人類とともに生きてきた．そして，私たちに「食」を「力」をさらに「愛」を与え続けてくれた．私たちは，おそらくこれからもかれらとともに生きていく．私たちにとってかけがえのない動物たちの科学，それがアニマルサイエンスである．

　しかし，かつてはたしかに私たちの身近にいたかれらは，しだいに遠ざかろうとしている．私たちのまわりには，「製品」としてのかれらはたくさん存在するが，「生きもの」としてのかれらを目にする機会はどんどん減っている．そして，研究・教育・生産の現場からもかれらのすがたは消えつつある．20世紀における生物学の飛躍的な発展は，各分野の先鋭化や細分化をもたらした．その結果，動物の全体像はほとんど理解されないまま，たんなる「材料」としてかれらが扱われるという状況を産み出してしまった．

　アニマルサイエンスの研究・教育の現場では，いくつかの深刻な問題が生じている．研究・教育の対象とするには，産業動物は大きすぎて高価であり，飼育にも困難が伴うため，十分な頭数が供給されない．それでも，あえてかれらを対象に研究を進めようとすると，小動物を対象とする場合よりもどうしても論文数が少なくなる．そのため若手研究者が育たず，結果として産業動物の研究者が減少している．また，伴侶動物には動物福祉の観点からの制約がきわめて多いため，代替としてマウスやラットなどの実験動物を使って研究・教育を組み立てざるをえない状況にある．一方，生産の現場では，生産性の向上，健康の維持管理など，動物の個体そのものにかかわる問題が山積しているにもかかわらず，先鋭化・細分化する研究・教育の現場とうまくリンクすることができない．このような状況のな

かで，動物の全体像を理解することの重要性への認識が強まっている．

　本シリーズは，私たちにとって産業動物や伴侶動物とはなにか，そしてかれらと私たちの未来はどうあるべきかについて，ひとつの答を探そうとして企画された．アニマルサイエンスが対象とする動物のなかからウマ，ウシ，イヌ，ブタ，ニワトリの5つを選び出し，ひとつの動物について著者がそれぞれの動物の全体像を描き上げた．個性あふれる動物観をもつ各巻の著者は，研究者としての専門分野の視点を生かしながら，対象とする動物の形態，進化，生理，生殖，行動，生態，病理などのさまざまなテーマについて，最新の研究成果をふまえてバランスよく記述するよう努めた．各巻のいたるところで表現される著者の動物観は，私たちと動物の関係を考えるうえで豊富な示唆を与えてくれることだろう．また，全5巻を合わせて読むことにより，それぞれの動物の全体像を比較しながら，より明確に理解することができるだろう．

　各巻の最終章において，アニマルサイエンスが対象とする動物の未来について，さらにかれらと私たちの未来について，編者との熱い議論をふまえて，大胆に著者は語った．アニマルサイエンスにかかわるあらゆる人たちに，そして動物とともにある私たち人類の未来を考えるすべての人たちに，本シリーズが小さな夢を与えてくれたとしたら，それは編者にとってなにものにもかえがたい喜びである．

　第2版の刊行にあたっては，諸般の事情により，大阪国際大学人間科学部の眞鍋昇教授に編者として加わっていただいた．

林　良博・佐藤英明

目次

刊行にあたって　i

第1章　究極の反芻獣──哺乳類のウシ・家畜のウシ　1

1.1　ウシたちの肖像画(1)
1.2　大地の覇者(6)
1.3　ウシの絶滅(15)
1.4　家畜ウシの繁栄(19)
1.5　いまのウシの常識(23)

第2章　生きるためのかたち──ウシの解剖学　31

2.1　食べるためのかたち──舌・歯・顎(31)
2.2　逃げるためのかたち──眼・肢・角(44)
2.3　殖えるためのかたち──子宮・卵巣・乳腺(57)

第3章　もう1つの生態系──ウシの胃　73

3.1　反芻胃の構造(73)
3.2　微生物を食べる動物(96)
3.3　胃から腸管へ(106)

第4章　家畜としての今昔──ウシの生涯　111

4.1　品種──ウシたちの生きざま(111)
4.2　ミルクと食肉の工場──極限のウシたち(122)
4.3　品種を残す力・捨てる力(131)

4.4　病（やまい）──ウシたちの死にざま(141)
　　4.5　現代病──いまのウシの生き恥(147)

第5章　これからのウシ学──ウシを知りウシを飼う……………………153
　　5.1　ウシと新しいサイエンス(153)
　　5.2　五大陸のウシたち(159)
　　5.3　進化史におけるウシの将来(161)
　　5.4　ウシからみた地球(163)

補章　過去と未来への客観性………………………………………………169
　　補.1　ウシの起源の系統論(169)
　　補.2　ウシ育種の変革(182)

あとがき　189
第2版あとがき　193
引用文献　195
事項索引　219
生物名索引　222

第1章 究極の反芻獣
哺乳類のウシ・家畜のウシ

1.1 ウシたちの肖像画

「ウシ」という言葉

　どんな動物にも，種としての始まりがある．
　哺乳類の進化史において，かつて地球上に起こったウシの始まりは，どんな出来事だったのだろうか．
　この疑問に答える途は，そのまま「ウシ」という言葉のさす内容を，追跡していくことである．
　読者は，牧場でモーモー鳴いているホルスタインが，ウシという言葉のさす内容のすべてではないことは想像できよう．しかし，アフリカにいる長い角をもつシカのような動物をウシだといわれても，あまりピンとこないだろう．ましてやカバやキリンをウシのなかまだといわれても，なぞなぞに悩む小学生と同じレベルの混乱を招くかもしれない．
　「ウシ」とはなにか，まずここでは，「ウシ」を，哺乳類という比較的広い枠のなかで，理解することを試みたい．これはまさしく，読者が好きなだけ鑑賞する「ウシ」たちの肖像画である．

目（もく）としての「ウシ」

　「ウシ」という言葉をもっとも広い意味で使うと，おそらく偶蹄類と同じ意味になる．分類学的には，通常，目（order）の単位でくくられる一群の哺乳類であるから，偶蹄目と同義だ．用語の偶蹄目をウシ目と安易に改める姿勢には私も反対だが（田隅 2000; 遠藤・佐々木 2001），「ウシのなかま」として偶蹄目を議論することには意義がある．「偶蹄目」がいかに広い内容を含んでいるかは，成書では学名の羅列によって示される

(Simpson 1945; Romer 1966; McKenna and Bell 2000). だが，あえて本書では以下にかみ砕いて明らかにしていこう．

多くの偶蹄類とは，読んで字の如く，偶数本の蹄をもつ哺乳類といって，おおざっぱにはまちがいない．化石まで含めて正確に記載すれば，「4本または2本，すなわち偶数本の指をもち，足の中軸が第三指と第四指の間を通っている有蹄類」である．これで極端な例外を除いて，まちがいのない内容となる（コルバート・モラレス 1993）．理解を助けるために現生偶蹄目の具体例をあげれば，ウシ，シカ，キリン，ラクダ，カバ，イノシシといったところだ．家畜のウシとはあまり似ていない動物を，ウシのなかまとよぶのは，このレベルでの話である．現生種なら，およそ190種を数える．哺乳類全体をおよそ4500種と考えれば，けっして大きなグループではないが，内容的にはあまりにも華やかなバラエティーに富む．そして，これからたびたび論じる「適応」という観点からは，哺乳類進化の究極の姿をかいまみせる，完成された獣たちとみなすことができるだろう．

「ウシ」のなかの「ウシ」たち

具体例があがったところで，つぎなる「ウシ」たちの肖像をみることにしよう．それは，分類群でいうところの「反芻亜目」である．先の例でいうところの，ウシ，マメジカ，シカ，そしてキリンをさす．構成するそれぞれの近縁群については，本章でくわしく語ろう．

さらに言葉の意味を絞り込むと，つぎなる肖像画の主は「ウシ科」だ．反芻亜目からラクダやシカなどを外せばそれでよい．「ウシ」とよぶことをすべての研究者が異議なく承認するグループが，この「ウシ科」の動物たちである．ここまでの入れ子関係を表 1-1 に示した．表 1-1 にまつわる最近の話題では，なんとウシ科の新属新種がインドシナ半島で発見されている（Dung *et al.* 1993, 1994）．*Pseudoryx nghetinhensis* と名づけられたこの新種が示唆するのは，ウシ科といえども，いまだに人類が科学的には認識していない集団がありうるということだ．ウシはあたりまえの動物どころか，学者にとってけっしてあなどれない相手なのである．

さて，これから先の議論は，狭義のウシをいかに深く理解するかという，より根本的な問題に入っていかなければならない．

表1-1 偶蹄類の多様なラインナップ
ウシ科の位置に注目したい（網かけの部分）．

現生偶蹄目　10科80属186種
猪豚亜目　3科9属14種
イノシシ科　5属9種　*Sus, Balyrousa* など
ペッカリー科　2属9種　*Tayassu, Cotagonus*
カバ科　2属2種　*Hippopotamus, Choeropsis*
核脚亜目　1科3属6種
ラクダ科　3属6種　*Camelus, Lama* など
反芻亜目　6科68属166種
マメジカ科　2属4種　*Tragulus, Hyemoschus*
ジャコウジカ科　1属3種　*Moschus*
シカ科　16属36種　*Muntiacus, Cervus* など
キリン科　2属2種　*Giraffa, Okapia*
ウシ科　46属120種　表1-2参照
プロングホーン科　1属1種　*Antilocapra*

　表1-2をご覧いただこう．ウシ科より狭義の「ウシ」の展覧会だ．まずは「ウシ亜科」に絞り込もう．これは意外に重要，というか便利な概念で，われわれがいかにもウシらしいと感じることができる動物種のほとんどを含んでいる．いってみれば，学校教育以前にどこかで身についた認識力で，「あっ，ウシだ」と感じることのできる動物たちが，このカテゴリーにおさまっている．この段階で，種としてはおよそ20種強に絞り込まれる．逆にこの概念が少々不便なのは，ウシ亜科がヤギ亜科を含んでいないことである．家畜としてのウシにふれていくとき，多くの人々は同じ反芻家畜のヤギとヒツジの話を引き合いに出すものだ．しかし，この2つの大事な家畜は「ウシ亜科」にまで限定された「ウシ」という言葉には，包含されないことになる．

　つぎなる肖像はウシ属．学名で扱うところの *Bos* である．幸い，ここまでくると，百人が百人までウシと認めてくれる種の集合となる．7種にも分ける成書はあるが（今泉1988），表1-2にあげる5種とすることが妥当だろう（Groves 1981; Corbet and Hill 1992）．この5種は，アジアあるいは北アフリカを起源に，数万年前までは，かなり似た分布域を生きてきた一群の動物たちだ．ガウル *Bos gaurus*，バンテン *Bos javanicus*，ヤク *Bos grunniens*．以上の3種はウシに比べればマイノリティーだが，じ

表1-2 ウシ科のなかのウシたち
めざすべき家畜ウシは，ウシ属（網かけの部分）のなかの
わずか1種に絞り込まれる．

ウシ科 120 種の内訳
ウシ亜科　8属23種
ヨツヅノレイヨウ属
ニルガイ属
アジアスイギュウ属
ウシ属　ウシ，ガウル，バンテン，ヤク，コープレイ
アフリカスイギュウ属
バイソン属
ブッシュバック属
イランド属
ダイカー亜科　2属17種
ブルーバック亜科　11属24種
アンテロープ亜科　12属30種
ヤギ亜科　13属26種

つは，確実に繁殖を人間にコントロールされた集団があり，すなわち家畜化の対象となっている．インドの家畜ガウルはミタンといわれ，バンテンはバリウシという家畜としてのよび名ももつ．チベットで現地人の荷役を務める主役は，家畜化されたヤクだ．第4章でふれるが，これらの種からは，家畜ウシに対する遺伝学的な交流が認められている．同じ Bos 属の家畜として，彼らに目を向けることをけっしてためらわないが，あくまでも本書の主役となるウシは，この3種のことではない．残ったもう1種のウシ属，コープレイ $Bos\ sauveli$ は，インドシナ半島の森林にひそかに暮らす幻の種で，家畜化の証拠はない．数少ない標本はあるものの（Boonsong and McNeely 1988），すでに絶滅したのではないかとすら推察されている．なお，畜産学的に重要なスイギュウ $Bubalus\ bubalis$（アジアスイギュウ）は，ウシ属には帰属していない．

種としての「ウシ」

さて，ついに読者は最後の肖像画を目にするにいたる．もっとも狭義の「ウシ」は，生物学的にたった一種のウシ $Bos\ primigenius$ をさすために使われる．これが正真正銘の「ウシ」という種である．英国では aurochs

と書き，俗にオーロックスと片仮名書きすることが多い．また，原牛と
翻訳されることが普通だ．もともとはヨーロッパ南部，アフリカ北部から
東南アジアにかけての，比較的暖かい森に生息していた「本物のウシ」で
ある．

　では，だれもが知っている家畜ウシとオーロックスとは，どういう関係
にあるのだろうか．

　答は単純明瞭．オーロックスの家畜化された集団こそが，家畜ウシであ
る．家畜ウシがいったいなんという動物種なのか，つまりどの種から家畜
化されたのかという疑問は，じつはさまざまな論争を産んでいた（ズーナ
ー 1983; 今泉 1988; クラットン-ブロック 1989）．しかしいまでは，家畜ウ
シはすべてオーロックスに由来する人為的繁殖集団であるという説が，信
じられるようになっている（正田 1987a; クラットン-ブロック 1989）．

　ここでウシの学名に少しふれよう．家畜ウシがほんとうにオーロックス
由来ならば，その名は *Bos primigenius* でなければならない．しかし，家
畜ウシは *Bos taurus* とよばれていることが普通だ（Gentry *et al.* 1996;
Endo 1998）．畜産学の世界で，家畜を原種と異なる名でよぶことは，日
常的に行われている．ウシの場合，*Bos primigenius* とよぶべきだという
ルールとは別に，昔から使われている *Bos taurus* を習慣的に多用するの
である．ほかの家畜を例にすれば，ウマの *Equus caballus*，ブタの *Sus
domesticus*，イヌの *Canis familiaris*，ネコの *Felis catus* など，原種と異
なる名が，畜産学の世界のよび名として使われている．本書の主人公，ウ
シにおいては，*Bos primigenius* よりも *Bos taurus* のほうが，多くの人々
にとって圧倒的になじみ深い．

　「ウシ」の肖像画を一通りみていただけただろうか．これから先，私が
「ウシ」といったとき，そのさす内容がどの「ウシ」なのか，読者のみな
さんに誤解なく判断できるよう，筆を走らせながら私も努力しよう．みな
さんには「ウシ」たちの肖像画を思いだしつつ，言葉の良心的・常識的な
解釈をお願いすることが多くなるかもしれない．

1.2 大地の覇者

ウシたちのあけぼの

単語の意味を限定していったのと似た過程で，進化史上のウシの始まりと発展をみていくことにしよう．

最初の偶蹄類は，顆節類（かせつるい）という有蹄獣の祖先グループを起源に，始新世初期，およそ 5400 万年前に出現したと考えられている．北米あたりに現れた *Diacodexis* や *Homacodon* とよばれる小型の動物たちが，偶蹄類のオリジンとしてあげられている（Carroll 1987; コルバート・モラレス 1993）．彼らは，小さめのウサギのような，めだたない動物たちだったようだ．そして，理由はまったくわからないが，同時期に出現した奇蹄類のほうが，はるかにはなばなしい進化史を歩み始める（Simpson 1945; Romer 1966）．奇蹄類がいくつもの系統を発展させていったのに対し，偶蹄類の多様な進化は，漸新世，すなわちおよそ 3800 万年前まで待たなければならない．その間，偶蹄類は，体重を目安にすれば 5 kg 以下くらいの，さえない獣の一群だった．

漸新世になり，おそらくは地球規模の気候変化の影響だろうが，偶蹄類は非常に大型化する．同時に，漸新世は偶蹄類の放散が激しく生じた時代でもある．その初期に，反芻亜目，核脚（かっきゃく）亜目，猪豚（ちょとん）亜目の分化がすんでいる．さらに，科のレベルでの分化がこの時代に進む（Romer 1966; Carroll 1987; コルバート・モラレス 1993）．おそらく，第 3 章で深入りする消化管の反芻機能の発展が，それぞれの進化の枝のなかでテストされたことだろう（コルバート・モラレス 1993）．ただし，消化機構の進化と化石データの間を根拠づけて結びつけることは，本書ではほとんど行わない．たとえば化石反芻亜目の議論が出てきても，その消化器システムについて言及することは，話の信頼度を考慮して一切避けようと思う．したがって，たとえば反芻獣という言葉にしても，第 3 章でふれるような反芻の機能をもった獣たちという意味ではなく，形態学的データにもとづく類縁性の高い一群と理解していただければ幸いである．しばらくの間，偶蹄目が，そして反芻亜目が，そして狭義のウシが，地球上でいかなる位置づけ

にあり続けたかに，思いをはせてみたい．

「ウシ」たちの歴史カタログ

　反芻亜目に絞って進化の話を続けてみよう．偶蹄類の歴史のなかで，いつの時代が彼らの発展の絶頂期であったかを決めることは容易ではない．しかし，人間社会による環境へのプレッシャーを棚上げすれば，ほかならぬいま現在が，偶蹄類にとって最高の時代の1つであることはまちがいなかろう．化石記録の総合的考察が，そのことを示唆してくれる（Carroll 1987; コルバート・モラレス 1993）．少なくともここ数百万年間が，偶蹄類が繁栄してきた時代であることは，まちがいないだろう．そして，それはまさしく，反芻亜目の多様化の時代でもある．

　この時代に生じた多様な放散のなかに，いまを生きるマメジカ，シカ，キリン，そしてさらに狭義のウシが含まれている．彼らを知ることで，より狭い意味の「家畜ウシ」を，正確に理解したいと思う．もっと古い時代を含めれば，たとえば科レベルの絶滅反芻亜目はけっして少なくない．ただし絶滅グループにスポットをあてるのは，本書の目的を逸脱する．この点は，とりあえず成書（Simpson 1945; Carroll 1987; コルバート・モラレス 1993）に委ねることにして，現生する科を反芻亜目のなかで俯瞰しながら，ウシの特質を浮き彫りにしていくことにしよう．

　マメジカ類は，中新世の *Dorcatherium*, *Dorcabune* などから始まるといわれてきた．このグループは，形態学的にも古い形質に固められた，反芻亜目のプロトタイプといってよい群である．したがって，わずかな現生種から認識される以上に，古生物学的には，無視できない大きなグループであるといえよう．科レベルで類似するいくつかの絶滅化石グループを加えて，さらに広義に認識することもできる（コルバート・モラレス 1993）．しかし，彼らを理解する手っ取り早い方法としては，種としてのバラエティーは乏しいものの，現生の個体を解剖してみることである．百聞は一見に如かずなのだ．

　アジアに分布する数種の現生の *Tragulus*（図1-1）は，有蹄類というよりは大型のウサギくらいのイメージでとらえられる．上顎に雄だけ大きな犬歯を有するが，枝角や角の類はまったくない．また，上顎の切歯が欠

図 1-1 ジャワマメジカ *Tragulus javanicus*
偶蹄類の原始的な形質を備えているとされる．大きさといい仕草といい，偶蹄類というよりはカイウサギ（家兎）を思わせる．（撮影：インドネシア・ボゴール農業大学 Srihadi Agungpriyono 博士）

失している点，下顎犬歯が切歯の列にそれとなく加わってしまっている点などは，まったく反芻亜目の基本通りだ（図 1-2）．胃は第3章でふれる4つの袋の集合体で，まさに反芻獣らしい．"らしい"というのは，奇妙に第三胃の発達が悪いのである．現生種では，さらにアフリカ産のミズマメジカ *Hyemoschus aquaticus* は，現在唯一，第三・第四中足骨が2本に分離している偶蹄類である．

　ところで，マメジカにまつわる，私の幼い日の記憶をひも解いてみよう．30年近く前のこと，私は，母親に手を引かれながら，タイの田舎を旅した経験がある．ある朝，町の小さな市場を訪れたときのこと．獣の肉を売りさばくおばさんの腕に，マメジカの死体が抱えられているのをみた．いまでもその場の記憶を，鮮烈によみがえらせることができる．となりで解体されていたブタと並んで鼻から血を流す奇妙な獣を，タイの人々はシカ

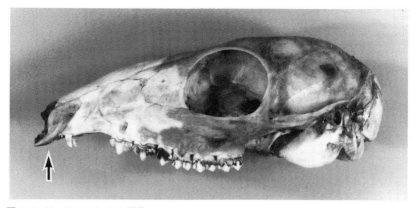

図1-2 ジャワマメシカの頭骨
上顎切歯の消失（矢印）をはじめ，偶蹄類の形態学的特徴を示す．（国立科学博物館収蔵標本）

のなかまだと説明してくれた．普段は手に入れることもないが，なにかきっかけがあると食卓を飾る，ちょっとしたごちそうだそうだ．私が，それが科レベルの独立性を保ちながら反芻亜目を代表する獣であるのを知るのは，それから10年以上たってからのことである．いまでは生息数は減り，とてもタイの街の市場で姿をみることができるような代物ではない．

　つぎに，日本人のだれにでもなじみの深い，この反芻亜目の一群を取り上げよう．シカ類である．おそらくは漸新世の *Eumeryx* あたりから始まるとされる（コルバート・モラレス 1993）．現在，偶蹄目では，ウシ科につぐ，第2の種数を誇る．いうまでもなく，現生種のほとんどは，雄だけが枝角をもつという特徴がある．どうやら，シカ科のこの枝角は中新世に進化したらしい．シカらしいシカは後述のウシとの比較のうえで，けっして古い時代の反芻亜目ではないことがわかる．典型的な枝角に進化する途中経過は，アジアにいるキョンのなかま，*Muntiacus* が示唆してくれる（図1-3）．現生のような新しいタイプのシカ類は，更新世に極端な発展を遂げたらしい．オオツノジカ類 *Megaloceros* の巨大な枝角は，モダンなシカ科が行き着いた，進化の果てだろう（Romer 1966；コルバート・モラレス 1993）．現生種では，たとえばワピチ *Cervus canadensis* が大きく

第1章　究極の反芻獣

図1-3 キョン *Muntiacus reevesi* の剥製
特徴的な角がみられる．(国立科学博物館収蔵標本，Watson T. Yoshi-moto 氏寄贈)

広がる優美な角を誇示する（図1-4）．

　ジャコウジカ類に関しては，独立した科とするか，シカ科に含めるか，意見が分かれる（今泉 1988; コルバート・モラレス 1993）．確かに，現生種はアジアに産するせいぜい3種のきわめて小さなグループである．雄の分泌腺からとられるいわゆる麝香が，最高級の香水の原料となるがゆえ，もともとめだたないこれらのグループは，どれも極端に高い狩猟圧にさらされている．しかし，これも古生物学的には，けっして弱小の反芻亜目ではない（Simpson 1945; Carroll 1987）．

　キリン科は，多様性においては大きなグループではない．現生キリン科はたったの2種．正真正銘のキリン *Giraffa camelopardalis* のほうに説明はいらないだろう．だが，あえて余談をはさめば，そのキリンの頸を最近

図 1-4 ワピチ *Cervus conadensis*
巨大な枝角がめだつ北米のシカだ.（国立科学博物館収蔵標本, Watson T. Yoshimoto 氏寄贈）

解剖・報告した人間は，私以外にはあまりいない（Endo *et al.* 1997）. そのキリン以外の1種は，天涯孤独の珍種，オカピ *Okapia johnstoni* である. この種の最初の報告は今世紀になってから（Sclater 1901）. しかも，尾が検討されながら，シマウマの一種とまちがわれての記載である. コンゴ・ザイールの疎林に隠れすむこの動物は，ジャイアントパンダに匹敵する珍種である.

シカゴを訪れたときのこと，ウシの理解にはぜひともオカピの顔をみなくてはならないと，郊外の動物園を訪れた. 私の意気込みは，子どものころ，上野動物園にカンカン・ランランをみに行ったときに勝るとも劣らな

かった．ところがこの日は運悪く，オカピは非公開だったのである．渋々引き上げるときに振り返った動物園の門のかたちが，いまでも瞼によみがえる．これも私とウシの関係の1ページだろう．最近になって，横浜の動物園にそのオカピがやってきた．今度こそ，なにがなんでも顔を拝まなくてはならない．

　キリン科が中新世にシカ類から分岐したことは確かとされるが，形態学的には初期のキリン科は，まさしくこのオカピのような動物だったと推測される．まだ頸椎はさほど伸張していない．みた目はひどく奇妙な動物だが，これがキリン科のごく普通の姿なのかもしれない．鮮新世から更新世

図1-5 プロングホーン *Antilocapra americana* の剝製
奇妙な角をもつ北米の偶蹄類だ．(国立科学博物館収蔵標本，Watson T. Yoshimoto氏寄贈)

にシバテリウム亜科が大発展するが（Carroll 1987; コルバート・モラレス 1993），これもキリングループと類縁にあることはまちがいない．

少しだけプロングホーン *Antilocapra americana* という，一風変わった反芻亜目にふれておこう．現生するのは北米にただ1種．けっして大きくはない，奇妙な角をもち大群で走りまわる反芻獣である（図1-5）．この動物がウシ科なのかシカ科なのか，それとも独立した科なのか，遺伝学者も含めて議論は絶えなかった（O'Gara and Matson 1975; Baccus *et al.* 1983; Groves and Grubb 1987; Scott and Janis 1987; Solounias 1988）．いまのところ，総じて，プロングホーン科とする考え方が定着している．このグループは，いまでこそただの1種だが，古生物学的には一群の明確な扇をなしてきた反芻亜目だ．反芻獣の特異な例として，忘れてはならない存在といえよう．

ほんとうの支配者

ウシ科．ここまでくるのに，私はウシ科以外の反芻亜目に，ずいぶんと紙面を割く必要を認めた．そうしてはじめてウシの理解は進む，と考えたからである．その考えが的外れでなければ，もうお気づきの読者は少なくないかもしれない．

地球のほんとうの支配者は，「ウシ」が主役の反芻亜目なのである．少なくともある1つの文脈においては．

哺乳類時代，地球の過去6500万年程度をそうよぶとき，地球上の平地を確実に支配していったのは，まちがいなくウシである．サルたちが，頭のよさで進化の頂点にあるということもあるだろうし，また，ネコ科こそ，その強力な武装でもって哺乳類の王様だと考えることもあるだろう．しかし，もともと草しか生えない大地を完全に自分のものにしえたのは，ウシたちだけである．そして，大地を舞台に，草食動物を餌に進化を遂げる肉食獣列強の鼻を明かすことができるものは，能力的にほとんどウシたちしかいないのである．木の上はサルの天下，地下の世界にはほかの王様が君臨するかもしれないが，大地はまさしくウシたちのものである．

大地の支配者としてのウシにあえて対抗できるものは，奇蹄類だったかもしれない．現生グループでいえば，ウマ，バク，サイの類である．しか

し，彼らは今日，どうやら命運尽きたグループのようだ．確かに競馬場には家畜化の進んだサラブレッドが走るが，じつは野生のウマ類など，多様性において，ウシたちの足元にも及ばない．サイにいたっては科全体が保護区にサバイブしているだけのようなものだ．

　並み居るウシたちのサブグループが，それぞれ大地のほんとうの覇権を握ったことを，いつのまにか本書は語ってきていたのである．そういうウシたちに備わった"大地の覇者"にふさわしい能力については，次章以降でくわしくふれよう．

ウシ科──新しい「ウシ」

　ウシ科そのものは，かなり新しいグループである．実質的には中新世にスタートするが，鮮新世以後にアジアやアフリカで放散．どうやら多様な進化はさほど古い話ではない．南米には一度も自然分布しなかったようだ．

　ウシ科は，反芻亜目の多くが歩んでいった地質学的時計の，新しい時間帯だけをみせるようなグループである．からだのそこかしこが新しい形態学的形質にあふれているのだ．四肢端の両脇の指は極限まで退化が進んでいる．臼歯は歯冠が高く，エナメルの切れ込みが非常に激しい．咬合面の複雑さは，ほかのどの反芻亜目より著しい．そして，なによりもこの科の特徴は，いわゆる"角"である．脳を容れる頭蓋の一部，すなわち前頭骨が著しく伸び出し，角を形成する．解剖学者は無理やり「角突起（かくとっき）」などとよぶが，ウシ科の角（つの）を語り始めるのに，用語などいらないだろう．生きているときには，そこに多少の皮下組織・血管と皮膚の派生物としての角質の鞘が被る．これこそウシ科に共通する特質だ（図 1-6）．もっとくわしい記述は第 2 章で楽しみたいと思う．

　さて，ウシ科といっても表 1-2 のように，現在，属でおよそ 50，種で 120 を超えるほどの大所帯である．彼らこそ，この星の大地を支配するもっとも新しい軍団と考えて差し支えない．大地といっても，実際にはとりわけ草地に対し，最高度の適応能力を示すグループといえる．このなかには，現在野生個体が滅んでしまった種や，もはや自然界ではほとんど確認できない種が，いくつか含まれている．

　そして驚くべきことに，われわれのめざすもっとも狭義のウシ，家畜ウ

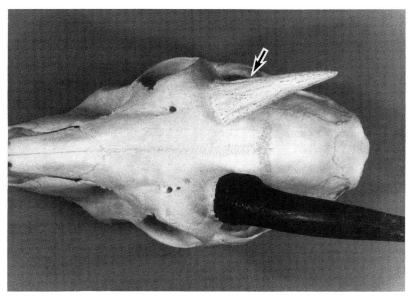

図 1-6 ウシ科の角の特徴
ニホンカモシカ *Capricornis crispus* の頭骨．前頭骨角突起から右側の角鞘を外したところ（矢印）．角鞘は皮膚の角化が進んだもの．生きているときには角突起と角鞘の間に，血管に富む軟部組織が発達している．（国立科学博物館収蔵標本）

シは，その原種となった野生個体をただの 1 頭も残していないのである．読者はすぐにこの歴史学的事実を理解できるだろうか．原牛オーロックスは，歴史時代に人間の手で絶滅に追い込まれた，悲劇の野生動物でもあるのだ．

1.3 ウシの絶滅

オーロックス

ただ 1 種のほんとうのウシ，オーロックスの野生個体は 1 頭も生き残っていない．17 世紀の記録を最後にこの世から完全に消え去ってしまっている．オーロックス，すなわち家畜ウシの原種とは，いったいどのよう

な動物だったのであろうか．

　オーロックスの形態については，じつはよくわかっていない．第4章でもふれるが，正確にいえば，整理された研究成果が発表されていない，ということだ．ヨーロッパの大きな博物館には，骨格標本が残されていて，種内変異が非常に幅広かっただろうと推測されるにもかかわらず，そのデータはあまりにも断片的だ（Peters 1988; Kobryn and Lasota-Moskalewska 1989; Mezhlumyan 1989; Lasota-Moskalewska and Kobryn 1990）．だれもが記す言葉は，ヨーロッパ系家畜ウシの代表的品種とは，容易に"distinguishable"である，という点だけだ．オーロックスという種を総括した具体的な形態学的データの集積は，古生物学者と解剖学者のこれからの仕事として残されている．広い地域に適応し，やがて絶滅したオーロックスの形態学的特徴は，骨片の計測データを小規模に集めるような方法からは，なかなか明らかにできない謎だろう．

　オーロックスを語るとき，必ず比較対象にあげられる種が，バンテンやガウルである（図1-7）．時は洪積世，オーロックスが種として進化を遂げ，生き続けていた地域は，これら近縁種の分布するアジア地域，あるいはアフリカ北部だったようだ．

　そして1万5000年前，旧石器時代を迎えたわれわれの祖先は，ヨーロッパの洞窟に美しい壁画を残している（ズーナー1983; 正田1987a）．さまざまな狩猟場面がみられる壁画のなかに，けっして多くはないが，巨大なウシの姿をみつけだすことができる．個々の絵が，遠目にはおそらく似ていたであろうヨーロッパバイソンを描いたものなのか，正真正銘のオーロックスを描き残したものなのか，もはや確信を得る術はない．しかし，平均気温が高まり，氷河が後退する気候を利用して，オーロックスが分布を広げていたことは，まちがいがなさそうだ．彼らは，バンテンやガウルがアジアの小さな集団としてめだたずに生きたのと正反対に，生息地に関しては，大きく飛躍を遂げていった．すなわちユーラシア北部への進出である．その結果，北方で唯一生き抜いていたオーロックスの近縁種，ヨーロッパバイソンと，冷涼な森林・草地を分け合って暮らしていたはずだ．

　どんな種にとっても，分布を広げることは，けっして悪い話ではない．インドシナ半島やインド亜大陸の湿地にひっそり暮らす親類たちより，事

図 1-7 バンテン *Bos javanicus* の剝製
オーロックスとともに発展したが，アジアにとどまった近縁種だ．（国立科学博物館収蔵標本，Watson T. Yoshimoto 氏寄贈）

実，オーロックスは進化史の勝利者だったにちがいない．しかし，彼らが分布を広げた地域には，彼らを1頭残らず根絶やしにするだけの"知恵"が，すでに息づき始めていたのである．それこそ，われわれ人間と，後にその人間が築く文明だった．分布を北へ広げ，社会化された人間たちと全面的にまじわることが，オーロックスにおいては，ガウル，バンテン，ヤクと比べて，はるかに速いペースで進められた．オーロックスにとって，このことは，まちがいなく不幸の始まりだったのである．

悲劇の原牛

ここで話を一気に現代へと近づけさせていただこう．時はちょうど2000年前のことである．全世界を支配する野望に燃えたユリウス-カエサルが，ヨーロッパ平原を進軍中のこと，家畜ウシに似た手に負えないほど粗暴な獣を目撃，記録に残させている（シルバーバーグ 1983; クラットン-ブロック 1989）．彼は，当時の習慣に従って，この動物を，ウルス（urus）とよんでいたようだ．

「ウルスは，ほかのどこにもみかけない獣だ．私のもつ家畜ウシよりはるかに大きく，また，若者が剣をもって闘うバイソンとは明らかに異なる動物である．かたちこそ部分的には家畜ウシに似ているが，乱暴もので，人や動物を手当たり次第に襲う．ここの若者は落とし穴を掘って，ウルスを苦心の末に仕留めている．ウルスを殺した者は，その勇敢さを称えられ，角は勝利の証しとして残される」

これは，オーロックスと思しき動物に関する，もっとも古い記述の1つである．けっして博物学者の手によるものではない．しかし，2つのきわめて重要な事実を含んでいる．まず，それが家畜ウシやヨーロッパバイソンとは明らかに異なる外貌をもつという点．そして，粗野な野生動物であるが，同時に勇猛果敢を重んじる人々にとって，魅力ある狩猟対象だったという点である．

この後およそ1500年，とりわけ中世キリスト教社会を通じて，ヨーロッパの森林は，つぎつぎと開発されていった．その陰で多くの野生動物が姿を消していったことはまちがいない．オーロックスも，その1つである．その事実を，ときに史的記録よりも雄弁に物語るのは，文学作品である．「ニーベルンゲンの歌」は作者の知れない叙事詩だが，登場する主役のジークフリートは，森のオーロックスを仕留めることで，勇者の名声を誇っているのだ（シルバーバーグ1983; 相良1997）．

ヨーロッパの貴族たちにとって，オーロックスは魅力あふれるハンティングの相手だった．雄は肩まで2mはあったとされる．その大きさは，なにより狩猟者を魅了したことだろう．肉が野生動物のなかでは，とりわけ美味だったことも想像に難くない．良質の黒い体毛と湾曲した巨大な角は，ハンターたちを，呪術的な誘惑でとりこにしたはずだ（図1-8）．そして過度な狩猟圧は，数百年間彼らを襲い続け，いつのまにか，森林のオーロックスは姿を消していった．生き残ったいくつかの集団は，ヨーロッパバイソンとともに，一部の貴族の庭で繁殖を営む，とてもまれなウシのなかまということになったのだろう．どうやら当時のスポーツハンティングはあまりにも凄まじかったようで，オーロックス，ヨーロッパバイソンのほか，シフゾウ，オオヤマネコ，オオカミなどが，狩猟圧だけで激減し，絶滅の縁をさまよっている．本書の主人公オーロックスは，小集団が生き

図 1-8 オーロックス *Bos primigenius* 想像図
残された骨格や文献資料から，雌個体の再現を試みた．黒色の体毛や巨大な角が映える．頭から肩にかけては大きくて立派なシルエットを誇るが，後肢周辺は比較的貧弱だったと推測される．

残る孤立した森で，遊興目的の狩猟により，根絶されていったにちがいない．

　1627 年，ポーランドのヤクトロウカ保護区．年老いた雌のオーロックスが息を引き取ったと，記録に残されている（正田 1987a）．この後に森林に生き残っていた個体がいたのかいなかったのか，ほんとうのところはだれにもわからない．しかし，オーロックスが生きていた証拠は，これを最後に完全に途絶える．ウシの原種の最後の 1 頭が，死に絶えたのだ．

　オーロックスは，こうして人間の手で滅ぼされた．

1.4 家畜ウシの繁栄

原牛の行方

　この星には，現在，13 億頭を超える家畜ウシが生きているとされてい

る (FAO 1996). およそ人間 4.5 人に対し 1 頭が生きている計算になるだろう. 絶滅したオーロックスは, かたちを変えて, これほどまでに全世界に広まったのだ.

絶滅と家畜化. *Bos primigenius* は, 人間の所業の下, あまりにも激烈な種としての興亡の歴史を歩んだ動物なのである. 絶滅は, この種の場合, 明らかに人間の傲慢が引き起こした, 反省すべき過去である. しかし, 同時に家畜としてのウシの歴史は, 人間が示した知恵ある者としての歩みであると, 私は確信する. 人間はウシから学ばねばならない. ウシそのものが, 原牛の絶滅と家畜ウシの繁栄を通じて, 人間の頭脳が両刃の剣であることを, 明確にわれわれに教示している. 人間の筆で語られるウシに関するどんな論述よりも, その歴史学的事実のほうが大切である.

以降の話は, 家畜ウシの始まりから今日までの物語である. ウシの歴史の第 2 幕といったところであろうか.

家畜化の足跡

オーロックスの家畜化の始まりは, およそ 9000 から 8000 年前であると推定されている (清水ほか 1981; 正田 1987a). 巨大文明の成立・繁栄よりも早い時期に, 人間の手で, 原牛の家畜化が促進されていったことは, 疑問の余地がない.

家畜化の証拠が出土する遺跡としては, ヨルダン渓谷のイェリコが有名だ. 7000 から 6000 年前の中近東から西アジアが, 家畜化初期の大舞台であったことはまちがいなかろう (ズーナー 1983). 先史人類の手で原牛と思しき洞窟画が描かれてからは何千年かを経ているが, カエサルがオーロックスに出会うよりは, はるか以前の営みである. 同じころにはチグリス河畔のジャルモ遺跡から家畜牛骨の証拠が得られている. 人類がメソポタミア文明の発祥に向けて知恵を集積していったとき, ウシの家畜化もその一部として花開きつつあったのだろう.

では, われわれの祖先は, なぜオーロックスを捕え, 繁殖をコントロールし, 家畜ウシをつくり始めたのだろうか.

三日月にその答があるとする説が有力だ (加茂 1947; 正田 1987a). 月の周期的満ち欠けが, 女性や母性を思い起こさせるのは, 古今東西を問わ

ず，一致する人々の思いらしい．それはそのまま農作物の豊穣の象徴として，宗教的儀礼の対象となる．家畜ウシの角を三日月形に育種する欲求が，ウシの家畜化の初期に働いていたという説が根強い．豊作を願う儀式の生け贄や，宗教行事での荷役に用いられた可能性を示唆することができる．

とはいえ私は，過去の解釈には，いつも慎重に臨むべきだと思っている．ネコの家畜化でもよく取り上げられる話だが，家畜化初期の，人々の宗教的エネルギーを評価することはかなり困難だ．それよりも，農耕の広がりは動かし難い事実であるから，無動力時代の人間社会が，役用としてウシに頼ったという，より現実的な理解のほうが，私の頭にはしっくりとくる．

肉用目的で家畜化した，という考え方は非常に理解しやすい．同時に，少し冷静にみつめなくてはならない考え方である．そもそも人間にとって，あらゆる獣は肉用となりうる．実際，どんな動物も，必ずや人間の胃袋を満たしたはずだ．原牛だろうが家畜ウシだろうが，イノシシだろうがブタだろうが，さらには名も知れぬネズミもヘビも，飢えた人間にとっては食肉である．その認識なしに，ウシの食用としての家畜化を安易に論ずるべきではない．ウシの肉用としての家畜化は，あくまでも大量のタンパク源の安定供給という，ワンステップ進歩した生産システムなのである．原牛を狩っていた人間が，戯れにそれを柵に入れたからといって，家畜化がスタートするわけではない．

エジプト・テーベの墓の壁画には，長角の家畜ウシが現れる．およそ6500年前の光景だ．エジプト的な奥行きのない表現だが，ウシたちが人々とともに農耕に携わる様子が，現代にいきいきと伝えられている．エジプトや現在のアルジェリアを中心とする北アフリカは，西アジアとともに，このころから何千年もの間，ウシ育種の中心的役割を果たしてきたようだ（ズーナー 1983; Gautier 1993; Payne and Hodges 1997）．情報の多くが壁画から得られているが，すでにいくつかの品種に分かれた意図的交配管理が開始されていたことがうかがえる．

およそ5000年前，メソポタミアの巨大都市ウルでは，肩にこぶのあるウシが壁画の題材にされている．こぶウシがいつどのように家畜化されたのか，ほんとうのところは定かではない．しかし，当時のインド地方は，すでにメソポタミアやエジプトとの交易を発展させていた．こぶウシの育

種がインドで栄え，人々の交流とともに，行く先々の文明や国家の手で引き継がれていったことは，まずまちがいなかろう（Payne and Hodges 1997）．文明発祥とともに，インドのウシ育種が，エジプト・メソポタミアに並ぶアクティビティーを誇っていたことは確かだ（加茂 1947）．いまから4000年くらい前のインドでは，こぶウシとこぶのないウシが育種され，たがいに交配されていたことが推測される（Payne and Hodges 1997）．

さて，ヨーロッパではなにが起こっていたのだろうか．ヨーロッパで，どの程度原牛が家畜化の対象になったかはまったく謎である．およそ5000年前のものと推定されるが，明らかな家畜ウシを飼育した痕跡が，現在のスイス近くで発見される．出土する地層に因んで，泥炭牛（でいたんぎゅう）とよばれるウシたちだ．このウシは小型で，おそらくはヨーロッパに自然分布していたオーロックスを家畜化したものと予想されるが，明確な根拠はない（清水ほか 1981; Payne and Hodges 1997）．オーストリアにも，オーロックスと小型の家畜ウシが混在する，特徴的な新石器時代の遺跡がある（Pucher 1983）．ヨーロッパでのオーロックスの家畜化は，繰り返し試みられたにちがいない．一方で，エジプト・メソポタミア・インダス文明で作出された家畜ウシたちが，人間に連れられてヨーロッパに流れ込むのは，必然の出来事だったろう（Payne and Hodges 1997）．

ウシの使い途

紀元前3000年ごろのメソポタミア．その壁画には，シュメール人による，ウシの搾乳が描かれている．この壁画の示唆する内容は，あまりにも重要だ．

乳用としてのウシの実用化である．

小人数の手では引っぱれないものを軽々と移動してくれる夢の機械．殺して食べれば，肉も内臓も多くの人々の胃袋を満たすことができる夢の食糧．そんな動物だったはずのウシから，人類は，"無尽蔵"に栄養を引き出すことに成功したのだ．

適当に草を食み，適当に交尾して，子を産めば，ミルクが出る．

家畜ウシを手にした人間が，こんな便利なウシの生理に着目するのに，

それほど長い時間が必要だろうか．おそらくウシの乳用利用は，人間が思いついて当然の営みだろう．事実，ヤギ・ヒツジでも古くから乳利用がされていたことは確かである（清水ほか1981）．ウシをして，"人類の乳母"とする知恵は，こうして容易に始まったことだろう．

役・肉・乳．これですべてではないにしろ，家畜ウシの用途がほぼ出そろったことになる．

1.5 いまのウシの常識

ホルスタインの一生

「最近の18歳は，ウシは餌をやっているだけでミルクを出すものだと思っている」

人工授精を講義する前に，こう嘆いた農学部の先生がいた．

都市の人間が普段家畜をみていないという単純な現象に加えて，第一次産業と明確に隔離された現代の社会生活が，若い学生の動物に対する認識・理解を，希薄なものとしているような気がしてならない．念のため，今日の先進国畜産におけるウシの様子を，ここでふれておこうと思う．じつは，第1章で少し記しておかないことには，読者の第2, 3, 4章の理解が滞ることが心配されるのである．

はじめに強調するが，現代のウシ畜産のあり方は，ウシと人間の永い関係のなかでは，例外的な一面にすぎない．現代社会には当然のこととされる"真の例外"を，読者には少しの間，楽しんでいただくことにしよう．場面は，いまの日本の，ありふれたホルスタイン牧場である．

白黒のホルスタインは，めでたく地上に生を受けると，まもなく立ち上がる．これも自然淘汰の産物だ．偶蹄類としての進化史を通じて，すぐ歩き出さない個体は，肉食動物に食い殺されてきたのである．もちろん，いま，畜舎でぬくぬくと産み出される子ウシが，肉食獣に襲われることはありえない（図1-9）．しかし，まったくちがう理由のために，生まれたホルスタインのほぼ半数には，薄命が待ち受けている．雄には，乳牛としての価値はないのだ．

図 1-9 分娩後 6 時間目の子ウシ
体重 43 kg．走り回る脚力をすでに備えているが，心地よい牛舎では，のんびり休むことができる．（協力：東京大学農学部附属牧場・澤崎徹教授）

　ホルスタインの雄子ウシは，一昔前ならば，屠殺後，子ウシ肉として食肉市場に出回った．牛肉輸入自由化後は，その商品価値は下落しているが，いずれにしろ，農家が雄ホルスタインを無為に飼うことはありえない．去勢・肥育した雄ホルスタインの肉を，銘柄までつけて出荷する方針はあるかもしれないが，多くの場合，雄の命運は，生まれたときに尽きている．
　さて，幸か不幸か雌に生まれたホルスタインは，まず母親から，初乳とよばれる免疫抗体を含む特殊な乳を与えられる．しかし，その後数日もすれば，母親とは引き離される．母親は生産現場で働かなければならないのだ．生まれたばかりの雌ホルスタインは，すでに運命の渦に巻き込まれている．その短い一生を，もとい，短くなければならない一生を，全速力で突っ走り始めているのだ．

繁殖のための生涯

　栄養を十分与えられ，子ウシは，通常，8 カ月から 9 カ月で最初の発情

を迎える．性成熟に達し，妊娠が可能になるのだ．ウシの発情に季節は関係ない．初回の発情をいかに早く迎えるか，すなわちどれくらい早熟であるかが，乳牛を評価する重大なポイントである（Hafez 1980）．

　ところで，ホルスタインたるもの，けっして交尾はしない．これは，ホルスタインのみならず，近代家畜ウシの常識である．希釈され，凍結状態で送られてくる精液を，発情周期が訪れるのを待って，人工的に膣の奥へ注入するのだ．人工授精．くだけていえば，いま流の種付けである．こんなつき合い方を，人類がウシに対して始めたのは，せいぜいここ60年間くらいでしかない（芝田1948）．

　人工授精には失敗も少なくない．精子の取り扱いにおける技術的問題は，多くの人々の努力で，そのほとんどが解決されてきた．失敗の原因の多くは，生産現場で雌個体の発情を正確に把握するのがむずかしいという，実用上の問題にある．性成熟に達した雌では，およそ21日に1回の割合で排卵と発情が定期的に起こるようになる（Peters and Ball 1996）．発情時に人工授精を行えば，妊娠の可能性は大だ．しかし，外からみるだけでウシの発情を認識するのは，いつも容易とはかぎらない．

　ここで，教授を嘆かせた学生たちより，もっと多くの人々が知らない，哺乳類繁殖生理学の常識にふれよう．排卵後，着床しなかったからといって月経を迎えるのは，ヒトを含む一部の高等なサルだけである．逆にいえば，ウシは，熟練者のみ見出せる繊細なサインでしか，排卵と発情の時期を外部へは知らせない．つまりは人工授精に適した日時を現場で簡便に知るには，それ相応の習熟が必要なのだ．ともあれ，あまりにも種が付かない雌は，その時点で廃用・屠殺処分になることが普通だ．無事に子ウシを産んで，泌乳しないことには，個体としては"ただ飯食い"にすぎないのだから．

　一方，凍結精液をつくり出した"父親"は，雌たちとはけっして顔を合わさない．どこかで人工的に精液を採取されながら，黙々と生きている．いや，すでに死んでいるのかもしれない．ただし，例外なく，彼らはきわめてまれなエリートである．乳牛としての生産成績をもとに，雄個体は極限まで遺伝学的選抜が進められてきている．つまりは，成績優秀な乳牛の血をつなぐ数百頭程度の雄が，日本の200万頭の全ホルスタインたちの父

親なのだ.

　人工授精を普及したにもかかわらず，なぜ雌雄産み分けを実行しないのかと問われることがある．実際，繁殖生物学の応用領域では，哺乳類のX精子とY精子の分離に，注目が集まっていたことがある．そしてヒトでは密度勾配遠心による精子の分離が実用化され，産婦人科の現場で，雌雄産み分け技術は，かなりの程度まで定着している．ところが，ウシの精子は，密度勾配遠心では分離しない．いまのところ，精液中のウシの精子をXとYに分ける方法は，一方の精子に特異的な抗原をモノクローナル抗体で蛍光標識し，セルソーターで分離する以外にない（Ali *et al.* 1990; Howes *et al.* 1997）．今日，この技術自体は，安定した分離成績をおさめるようになっている．しかし，畜産業レベルに必要な量の精子を分離し，現場へ供給するようになるには，しばらく時間を要することと思われる．

　一方，それより先に普及してきたのは，受精卵（胚）移植である（星・山内 1990）．ウシでは，過排卵処理後の雌に人工授精を施し，子宮を灌流して受精卵を回収する．他方，プロスタグランジン$F_{2\alpha}$投与により，発情時期をコントロールされた代理母を用意し，そこに受精卵を移植する．回収した受精卵の凍結保存に，ほとんど問題は生じない．屠場で取り出された卵巣から採卵し，体外受精を経て，受精卵移植を行うことにも，技術的障壁はない．

　受精卵移植の結果，雌ウシの選抜を，桁違いに強化できるようになった．畜産業的に優秀な成績を残した雌を選抜，その受精卵を多数得て凍結保存・受精卵移植へもち込めば，改良ははるかに速く，シャープに進められる．過度のセレクションによる遺伝学的バリエーションの喪失など，さしあたり近代畜産は問題視しない．現場の課題は，移植胚の受胎率向上にあるようだ（Hasler 1992）．

　受精卵移植は，雌性生殖細胞のセレクションという目的以外にも，十分役に立っている．以前から，ホルスタインの子宮に黒毛和種の胚を移植，価格の高い和牛の肉と泌乳ホルスタインを同時に得る一石二鳥の技術が広まっている．また現在，移植前の桑実胚，胚盤胞から割球を一部切り取り，PCR（polymerase chain reaction）法 や FISH（fluorescence in situ hybridaization）法で遺伝子を検出，胚の雌雄判定をすることが可能にな

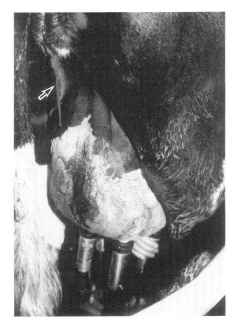

図1-10 6時間前にはじめての子を産んだ母ウシ
まさに最初の搾乳を経験している．機械で搾られているのは，免疫抗体を多量に含む初乳だ．まだこの時点では，ときおり外陰部から，胎膜関連の組織が排出されている（矢印）．（協力：東京大学農学部附属牧場・澤崎徹教授）

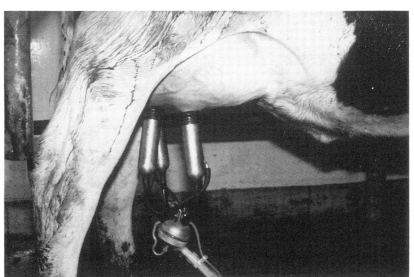

図1-11 搾乳の模様
乳頭にミルカーが装着されている．（協力：東京大学農学部附属牧場・澤崎徹教授）

第1章 究極の反芻獣

っている（Machaty *et al.* 1993; Ohh *et al.* 1996; 小林ほか 1999）．割球切除による微細なダメージのためか，受胎率に問題はあるようだ．しかし，いまの段階では，この方法が，セルソーターによる精子の分離よりも，雌雄産み分けの近道だ．

　話をもとの雌ホルスタインに戻そう．めでたく妊娠に成功した雌は，およそ280日の妊娠期間を経て，子ウシを産む．子ウシの運命は，息子なら屠殺，娘なら母親と同じだろう．産んだ親は初乳からスタートして（図1-10），どんどんミルクを出す．すでにふれたように，娘を授かっても，ともに過ごす時間は短い．まもなく，毎日2回程度の搾乳を，習慣的に覚えるようになる．乳搾りは，ミルカーなる機械の仕事だ（図1-11）．

　分娩後数週間目．泌乳量が早くもピークに達するとき，その量は1日40 kgを軽く超える．月1500 kg近いミルクを搾ることができるのだ．このままホルスタインは泌乳をおよそ300日続ける．少し無理をすれば，年間泌乳量2万 kg以上の個体が現れることも，うなずけるだろう．

　ミルクを搾られる間にも，卵巣と子宮はつぎなる受胎の準備に余念がない．ホルスタインは，分娩後なるべく早く性周期が再開することを目的に，すでに遺伝学的改良が重ねられている．現場では思ったとおりの日程で繁殖を繰り返すことはむずかしいとはいえ，子どもを産んで85日目が，つぎの人工授精を実施し，妊娠へ向かう理想的日付だといえよう（星・山内 1990）．畜産現場のホルスタインは，高泌乳を続けながら，つねに子宮内でつぎの胚子を育てていることになる．雌の生涯では，第2子の分娩後あたりが，もっとも乳量が多く，乳質も安定しているといわれる．子ウシを産んでも乳が出にくい高齢雌は，現在では早めに屠場へ送る．一生に4産くらいがいいところだろう．生産の図式に組み込まれる現代の乳牛にとって，その生涯は，まさに繁殖のためにあるといえよう．

いまのウシと人間

　以上のホルスタインの例は，近代畜産の1つのかたちを示している．想定できる最大の生産性が唯一の目標だ．それを乱す要因は極力排除していく．排除のかたちが，往々にして個体の廃用，屠殺であることは，紛れもない現実だ．そして，そこに力を貸すのが，ウシの獣医師の能力でもある．

獣医師は，近代ウシ畜産においては，まず集団をみる．そして，屠場送りの個体を選別するのが，日々の仕事の大きな要素を占めている．もちろん，ウシの病気やけがを治すことが，獣医師の重要な仕事であることはまちがいない．しかし今日，ウシ個体の治療は，ウシを扱う獣医師にとって，仕事のすべてではないのだ．

私は，こういう近代ウシ畜産の営みに反対する思想をもつ人間では，けっしてない．いまのウシたちに対する詩的文学的同情はあっても，人間が畜産業を価値観にもとづいて変化させるのは当然である．そして，その結果は，技術としてまちがいなく優れていると確信できる．科学的論理性と人道的倫理性をもつ人間が，明らかに「おかしい」と感じないかぎり，ウシ畜産の発展を個人の情緒や感性で批判する必要はないのだ．

いまの家畜ウシに関して万人が認識するべき点は，以下の2点である．

① これは，究極の反芻獣，ウシの生物学的特質を，最大限に活かしたからこそ，実現した営みであるということ．
② このようなウシと人間とのつき合い方は，その歴史全体からすれば，きわめて例外的な現象であるということ．

本書は，どのページでも，この2点を念頭に，ウシを追い続けていく．①のウシの生物学的特性については，第2章と第3章でくわしく学ぶことにしよう．この2章が，読者に十分な示唆を提供することに，私は自信をもっている．②については，第4章と第5章が，読者の好奇心に応えられることを期待している．では，ウシたちの世界へ，もう一歩，深入りしてみようではないか．

第2章 生きるためのかたち
ウシの解剖学

2.1 食べるためのかたち──舌・歯・顎

牧場実習の驚き

　獣医学や畜産学を学ぶ学生には，牧場実習という課程がある．ウシ・ウマ・ブタ・ヤギ・ヒツジ・ニワトリ．彼ら，いわゆる産業家畜が飼育される場を，実習の中心とするのだ．教育研究環境に配慮された施設で，家畜たちの生涯に実際に付き添う．そういう教育システムを，いかにも実学的，第一次産業的，職業訓練的なものとして非難する向きもある．しかし，私の考えはまったくちがう．牧場実習の背景には，ある1つの重要な本質が刻まれているからだ．

　「生物学的発想を研ぎ澄ます場」──それこそ牧場実習に内在する，もっとも重要な本質である．

　牧場実習が学生たちにもたらしてきたものは，生物学的センスである．サイエンスの能力である．その事実を，私は自分の研究者としての足跡をもって，なんら躊躇なく証明することができる．なにより，私にとって，ウシのからだのつくりに驚異を感じた場こそ，牧場実習だったのである．

　12年前にさかのぼる．学生の私が，学問の対象としてウシをみる，最初のきっかけになった牧場実習だ．

　所は茨城県岩間町．常磐線に小さな駅があるだけ．付近を走る高速道路のインターチェンジは，本線を走る車から見逃しかねないほど，小さなものだ．あまり名の知られていないその町の，少し外れた一角に"われわれの牧場"がある．東京大学農学部附属牧場だ．普通の酪農家よりはるかに整備された牧場で，数十頭のホルスタインが，牛乳を生産しながら，草地に放されている（図2-1，図2-2）．カリキュラムの順番から，たまたま，

図2-1 学生実習を"見学"するホルスタイン
農学部3年生の牧場実習のひとこま．こうして生物学の能力が養われていく．搾乳場にて．（協力：東京大学農学部附属牧場・澤崎徹教授）

図2-2 東京大学農学部附属牧場
茨城県岩間町にある．放牧中の乳牛がみえる．（協力：東京大学農学部附属牧場・澤崎徹教授）

誇り高い競走馬，サラブレッドでの実習をすでに終えていた私は，優駿たちと比較して，つぎの相手は，さぞかしのんびりとした，いわば"愚鈍"な奴らだろうと，はじめから食ってかかっていた．

　さにあらん．実際に食われたのは，私のほうである．

　朝の搾乳を終え，"鈍牛"たちを，草地に誘導したときのこと．そのときである．どんなに"愚鈍"な私でも，これほどの衝撃はない．彼ら，もとい，彼女らは，食草を舌で"すくう"のである．

舌──cropping system

　ウシの食餌の光景は，だれもがぼんやり眺めてきた当然すぎることかもしれない．しかし，そのときの私には，すでに解剖学の常識があった．解剖学の常識は，とりあえずこのウシの採食風景を，哺乳類の進化史における，普通のこととはみなさない．進化のいきつく先としての，もっとも合理的な採食方法が，私の目の前で繰り返されたのだ．

　大地に根差す草は，十分な力で小さく分離しないかぎり，それを口の奥に運ぶことはできない．草食獣が草を食べるには，咀嚼筋・顎・切歯による草の切り取り，すなわちバイト（bite）が，まず行われなければならないのだ．ところがウシでは，咀嚼筋によるバイト（bite）は，重要な意味をもっていない．草を口腔に入れる段階では，咀嚼筋の力にも，顎の運動にも，切歯の切断力にも，ほとんど頼っていないのだ．ウシが誇る草採り装置は，舌である．きわめて運動性の高い舌が，植物の葉や茎を巻き込み，完全に把握する．"すくう"と私がよぶのは，この運動である．

　ウシにとって，箸やフォークの代わりをするのは，舌である．舌で口の入口まで草を引き込んだウシは，切歯でそれを切る．しかし，切歯が切断能力を示す前に，舌で植物を引きちぎったり，地面から引き抜いていることが普通だ．つまりウシが草を切り取るパワーの大部分は，いわゆる咀嚼筋が産み出しているわけではない．あくまでも食物を切り取る主たる動力源は舌である．同時に，舌で保持した植物を引きちぎるために，頭や頸を動かす骨格筋群こそ主動力である（加藤 1957, 1961; Popesko 1961; Getty 1975; Ellenberger and Baum 1977; Barone 1978）．

　舌を動かす精巧なしくみとして，舌骨に注目しておきたい（図 2-3）.

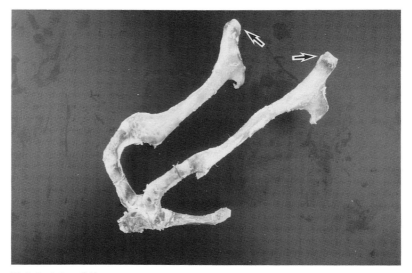

図 2-3 ウシの舌骨
矢印の部分が側頭骨の腹側に連結し，舌の起点をコントロール，その運動を司る．
（協力：日本大学生物資源科学部・木村順平助教授）

舌骨は，脊椎動物の比較解剖学の結論では，鰓を支持する骨格と相同であるとされている（ローマー 1983）．頭蓋から舌をしっかりと吊り下げるこの骨は，ウシ型の採食・咀嚼を行う反芻獣にとっては，とりわけ機能的重要性が高い．ウシでは，採食のみならず，飲水行動においても，舌による水のすくいあげが頻繁にみられる．舌骨と舌は，餌と水の摂取において，不可欠な機能的ユニットといえる（近藤 1997）．

ところで，ウシの切歯は，下顎にしか萌出しない．しかもその後ろに生えるはずの犬歯が，まるで，切歯のような形態を示し，実際のところ，切歯が片側に4本並んでいるようにみえる（図2-4）．切歯にうりふたつの下顎犬歯を，偶歯とよんで特別扱いすることがある（加藤 1957）．家畜解剖学では，かつてこれを，便宜的に切歯に含めて，歯式を表現することすらあった（加藤 1957）．むろん，そうする根拠は薄弱だ．

では対応する歯がない上顎はというと，切歯が生えるはずの骨，すなわち切歯骨は，口腔側にただのなめらかな面をみせているだけである（図2-5）．生きているウシのこの場所には，粘膜上皮が肥厚し，深層に弾性線

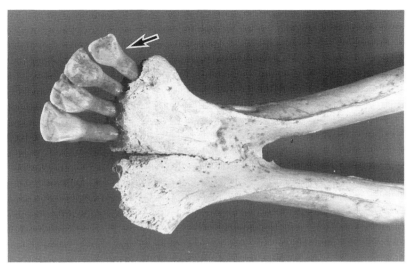

図 2-4 ウシの下顎骨吻端
右側の 3 本の切歯の後ろに，犬歯（矢印）が連なっている．かたちはまるで切歯そっくりだ．左側の歯列は抜かれている．

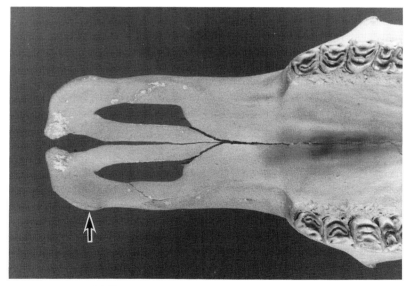

図 2-5 ウシの上顎吻端
切歯骨にはまったく歯が生えない（矢印）．

第 2 章　生きるためのかたち　35

維を含む，巨大な軟部構造ができあがっている（図 2-6; Ellenberger and Baum 1977）．これこそ，歯床板というセンス豊かな訳語を与えられた，口腔粘膜のバリエーションだ．実際には下顎の切歯犬歯列の噛み合わせを，この厚い板で受け止めている．切歯を包丁にたとえれば，歯床板は丈夫な"俎"といえるだろう．ウシの口とヒトの厨房とでは，天地が逆ではあるが．

　この採食パターンは，地面に根を張る草で，そして幹から伸びる葉や茎で，最大限に合目的的だ．あえて人間の尺度で欠点をいえば，草を根こそぎ抜いてしまうことで，植物相に与えるダメージが小さくない．葉だけ切り取ってくれたほうが，草原・草地の復元には有効だろう．それが，畜産学で普通にさす草地のみならず，地球環境に対してまでマイナスに働いてきたことは，ウシのほかヤギ・ヒツジを題材に，第 5 章でふれることになるだろう．それはともかく，野生下を想定したとき，草食獣の餌をめぐる争いにおいては，舌による採食機構がきわめて有利なことはまちがいない．

　草原・草地での採食に関して，咀嚼装置や消化管の機能形態にもとづいて，反芻獣と同様に深い議論が可能な家畜は，ウマだけだろう．ウマの摂餌は，先にあげた解剖学の常識に多分に従っている．上下にきれいに並んだ切歯は，あくまでも草や葉の直接的切断装置だ（加藤 1957, 1961; 図 2-7）．これで家畜が生きていけるなら，なにも舌に頼ることもないだろうと多くの人々は思うにちがいない．だがこれこそ進化史の謎である．なぜかわからないが，反芻亜目だけが，舌による採食機構を獲得，一般化してしまった．舌も次章で語る反芻胃も，奇蹄類との競争などに敗れるような柔なシステムではない．けっきょく，ウシをして草地の覇者たらしめる一因を，ここにみることができるのである．

　進化史的には，反芻獣の確立に向けて消化器官の適応が進んだとき，上顎切歯が失われ，この採食パターンが完成したにちがいない．しかし，切歯がなくなっていくプロセスは，化石のレベルではきわめて不連続で（Carrol 1987; コルバート・モラレス 1993），その途中に働いた適応的背景を考察することは困難である．上顎では，犬歯も消失した．原始的とされる反芻亜目，たとえばマメジカ類では，紛れもなく上顎骨から萌出する上顎犬歯があり，性的二型の指標ともなる（Terai *et al.* 1998）．しかし，

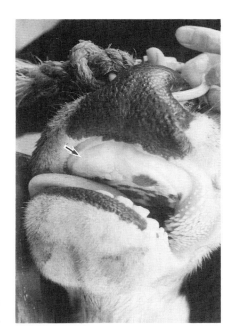

図 2-6 口の中に切歯骨を覆う歯床板が
みえる（矢印）．巨大な弾性線維の塊だ．

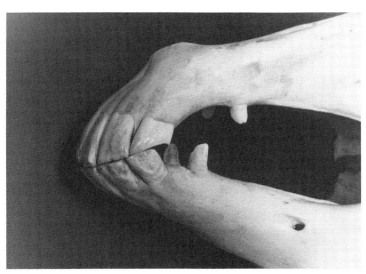

図 2-7 ウマの切歯列
ウシと異なって，上下がそろい，餌を切断する主役だ．

第 2 章 生きるためのかたち

多くの反芻獣に，上顎犬歯は存在しない．

　解剖好きの眼には，ウシの採食メカニズムは，進化史上の最高傑作に映る．それは，まるでヒトの大脳皮質をみるときのような，"神の創り給うた"究極の構造だ．哺乳類進化史上，あまりにも特殊化した，そして高性能の採食装置といえよう．本来バイト（bite）とよばれる採食運動は，極端に特殊化したウシにおいては，とくにクロッピング（cropping）とよばれることが多い．ウシのクロッピング（cropping）の大半は，舌とその運動装置が担っているのだ．こうして餌植物の採食を顎の運動から分離したことは，哺乳類の進化史上，最大級の革命といってよいだろう．

　ところで，私はウシの採食行動を形態学的に論じてきたが，一方で，フィールドでの観察からその行動を論じると，ウシの採餌が別の角度からみえてくる．行動学的な視点によるウシの採食行動の吟味においては，くわしい成書が出版されているので，参考になるだろう（田中 1997; 近藤 1997）．

臼歯たちの素顔

　ところで，食物を口腔に運ぶ動作と，すでに口の中に運ばれた食物を噛み砕く動作は，実際は連続・反復している．しかし，機能形態の理解のためには，観察者は両者を分けて考えなければならない（Perez-Barberia and Gordon 1998）．幸い，ウシは，じっくりみれば，この両運動が比較的よく分離している動物である．前者をさきほどクロッピング（cropping）と称したが，後者はチューイング（chewing）とよぶのがふさわしい．

　舌でちぎられ，下顎切歯・犬歯と歯床板で切られた餌は，続いて臼歯列に破砕される．ウシの永久臼歯は，片側・上下各々に6本ずつ．6本は，前臼歯と後臼歯各3本に分けられるが，前臼歯の形状が後臼歯化しているので，機能的な差異は少ない（加藤 1957, 1961; Popesko 1961; Getty 1975; Ellenberger and Baum 1977; Barone 1978; 図 2-8）．

　ちなみに前臼歯や後臼歯が明瞭にかたちをとどめている偶蹄類の例として，イノシシ類の歯列をあげておこう（図 2-9）．雑食性の傾向を残すイノシシ類は，偶蹄類といえども，前臼歯は典型的切断機能を担っている．

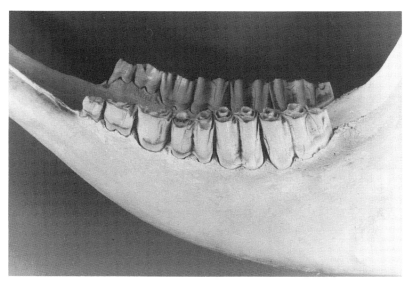

図 2-8 ウシの下顎
臼歯列は 6 本からなり，すべて後臼歯のような形状をみせる．

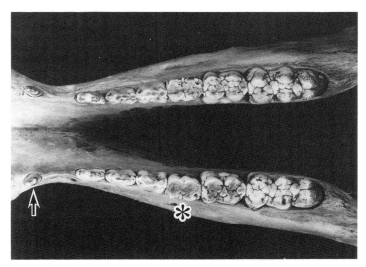

図 2-9 ヒゲイノシシ *Sus barbatus* の下顎臼歯列
前臼歯（矢印）と後臼歯（アステリスク）が機能形態学的に明確な差異を示す．これは，東京農業大学の田中一栄教授と牛の博物館（前沢町）の黒澤弥悦氏により，フィリピンで収集・保存された貴重な下顎骨である．

ウシの臼歯の使命は，唯一，植物組織のすりつぶしである．まず，歯そのものは，咬合面に，俗に三日月型といわれる襞をもつ（図2-8）．これは，硬いエナメル質と比較的軟らかいゾウゲ質が交互につくる紋様で，摩耗の進んだ成獣で，はっきりとみることができる（大泰司 1986, 1998）．エナメル質はギザギザの襞をつくっているわけだから，この歯が上下に嚙み合いながら横に滑れば，間にはさまった食塊を粉砕することができる．エナメル質は硬いものではあるが，餌植物とてかなり粗剛だ．咀嚼時のウシは，咬合面をたえず使用するため，その摩耗は激しい．そのため，いわゆる高冠歯といって，エナメル質が歯肉の奥にまで発達，徐々にせり出して，かなりの年齢まで，臼歯はエナメル質に守られることになる．

咀嚼筋——chewing pattern

　さて，歯はともかく，最大の問題は，歯をおさめた下顎骨の関節と，下顎骨の運動に力を供給する咀嚼筋である．

　じつは，ウシのみならず，哺乳類で顎の機能形態学の研究を進めている人々は，非常に少ない．獣医学のなかでも臨床部門では，真剣に顎の機能が論じられることがあるが，もっともそこに貢献しなければならない解剖学が，成果の蓄積にけっして成功していない．これは，実際に携わっている人間として，重く受け止める必要がある．プロとして顎の運動を語る機会をもたないことは，解剖学者としては寂しい一生と思わざるをえないのだ．

　事実，ウシの咀嚼筋たるもの，あまり注目されない雑誌に掲載された，私の生まれる前の仕事を（Smith and Savage 1959），いまだに最大級の成果として紹介しなければならないのだ．この報告は非常に短い論文であるが，今日でも，多くの獣医解剖学の教科書は，この論述の域を脱していない．2人の著者はそれでも，ウシに直結する反芻獣の話をていねいに解説してくれているから，ウシの咀嚼をみる人間には，確かに参考になる．しかし，私はスミスとサベージの範囲にとどまりたくないので，ときに非教科書的なストーリーにもふれることとしよう．

　まず，反芻獣の咀嚼における側頭筋の役割を，ほとんど認めないことにしよう．側頭筋の機能は，ここでは2つだけである．その1つは切歯の嚙

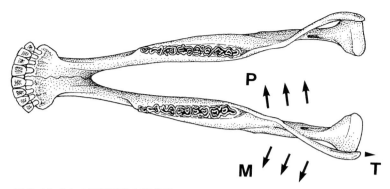

図 2-10 ウシの咀嚼運動の模式図
　下顎骨を背側からみたところ．左側の咬筋の力（M，矢印）と内側翼突筋の力（P，矢印）が，同じ側の臼歯列をスライドさせる．一方，側頭筋の力（T，矢頭）は，脱臼を防ぐための脇役でしかない．

み合わせ，すなわち，クロッピング（cropping）だ．この機能は確かに重要だが，すでに論じたように，ウシでは舌への依存度が非常に大きい．側頭筋は，しょせんは脇役である．もう1つはチューイング（chewing）であるが，側頭筋は，臼歯を左右に滑らせる主動力としては，けっして働かない．ここでは，外れそうな顎を後ろに引っ張る"黒子"であることを，覚えておいてほしい．

　チューイング（chewing）している下顎を，口腔側（背側）からみた図を示そう（図 2-10）．ウシの臼歯はたえず片側ずつしか使われていない．図では左側の臼歯列が食物を間にはさみ込んでいる．このとき，ウシのチューイング（chewing）の動力は，左側の咬筋と内側翼突筋である（加藤 1957）．破砕機として機能している側の咬筋・内側翼突筋が，下顎を前後左右に振り回す．反対に右側を使うときは，このまったく逆となる．基本的には，ほかの哺乳類で一般的に下顎の運動を司る側頭筋は，ウシにおいては主動力の反対側で下顎を後方に押さえ込む働きをする．これはけっして破砕機能の動力とはいえない．いわば，顎関節の脱臼を防ぐような力の加え方でしかない．これを称して"黒子"としておこう．後頭骨付近から下顎骨の腹側に伸びるもう1つの咀嚼筋，顎二腹筋も，側頭筋と似た働きを担っている．

第2章　生きるためのかたち

さて，お気づきの方もいよう．ウシの顎関節は，蝶番とはまったく異なっていて，鋏のように下顎を回転させるものではない（加藤1957; Popesko 1961; Getty 1975; Ellenberger and Baum 1977; Barone 1978）．事実上，自由な運動を許しているだけで，とても緩やかな結合である．とくに左右・前後方向への，臼歯列のスライドが自由な結合だ．あとは，上下顎を結合しておくのは，基本的には筋肉である．自由な運動が臼歯列を効率よい破砕機にする反面，可動性を厳しく規定する蝶番をもたない顎の宿命として，もとの位置に顎を固定する力が必要となる．側頭筋と顎二腹筋は，そのために存在しているのである．また，そもそもウシの臼歯列は下顎のほうが上顎より幅が狭くなっている．その結果として，食塊の破砕ができるのは，つねに片側ずつに限られる．しかし，下顎臼歯列の幅が小さいことで，それが上顎臼歯列の間にはまりこみ，下顎のおよその位置が決まるのである．

　あまり背側ばかりみてしまったので，頭骨の側面へ回ろう（図2-11）．ウシの顎関節の特徴は，それがゆるやかな結合部である，ということだけではない．顎関節は臼歯の咬合面よりはるかに上，すなわち背側にもち上がっている．先に，ウシの顎関節は鋏ではないと書いたが，この方向からみえる事実は，ウシの顎の開閉は，垂直に近い上下運動によっているということである．咬筋と内側翼突筋でローテーション，もしくはスライドさ

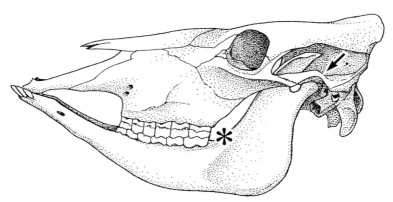

図 2-11　ウシの頭骨の模式図を側面からみる．顎関節（矢印）は，臼歯の咬合面（アステリスク）よりはるかに背側に位置する．

せ，側頭筋と顎二腹筋で脱臼を防ぐというストーリーは，この方向からみることで完結する．ウシの咬合面に期待されているのは，はなから鋏運動による切断ではない．食塊をプレスしながら，臼歯列の嚙み合わせにさらすことで，潰しながら破壊することだ．この複雑な運動が，緩やかな結合の顎関節によってはじめて可能になることは，だれの目にも明らかだろう．

じつは，近年咀嚼の機能形態が大いに語られているのは，齧歯類である．どれも似ていると思われがちな齧歯類の咀嚼装置は，多彩なパターンを進化させている（Weijs 1975; Bekele 1983; Satoh 1997）．ウシを含めて反芻獣の咀嚼運動をおおざっぱに扱ってばかりいる私たちは，そろそろ反省して，偶蹄類における咀嚼パターンの機能形態学的進化を，くわしく追い求めるべき時期にあるだろう．ここまでに私が記してきた反芻獣の顎運動には，実際には幅広いバリエーションがあるのかもしれない．家畜ウシがそのバリエーションの一例でしかないのなら，草食獣のチューイング（chewing）の様式に対する私たちの理解は，あまりにも狭小なものとなる．

さて，臼歯列と咀嚼筋群による，独特の顎運動で破壊された餌植物は，喉から食道へ向かい，胃に達する．そこには，咀嚼をはるかにしのぐ，ウシの究極の適応が隠されている．ウシの胃については，第3章でゆっくり語ろう．

本章では，ひとまず，消化器官の話を終える．この後は，ウシのからだにもともと備わっているいくつかのキャラクターをみることにしたい．それは，ウシが野生動物として，進化の歴史のなかで育んできた構造であり，種としての適応の行く末である．そして同時に，私たちがウシを家畜として育ててきた理由を，みごとに語ってくれるはずだ．まずは，ウシが"逃げる"ために備えているかたちから，議論してみよう．

2.2 逃げるためのかたち──眼・肢・角

眼球の配置

　野生下のウシたちが，肉食動物の餌になることはだれにでも想像がつこう．原牛を想定すれば，成獣はともかく，身体の小さい子どもは，なみいる肉食動物に捕食されたことだろう．草食獣にとってもっとも重要な生き残る術は，捕食者を速やかに認識することである．そのためのウシの視覚システムは，きわめて合目的的である．家畜化によって，その本質的特徴が失われることはなかったと考えてよい．

　典型的な家畜ウシの頭蓋をみてみよう（図 2-12）．眼球を収納する眼窩の位置を観察する．両側の眼球はほとんど前方には向いていない．左には左側面ばかりを，右には右側面ばかりをみる眼が，横向きにおさまっていることが明らかだ（加藤 1957; Popesko 1961; Getty 1975; Ellenberger and Baum 1977）．これに対比される極端なケースとして，霊長類の頭蓋を比較すれば，なお明確だろう（図 2-13）．両眼で 1 つのターゲットをみて，複数の情報から距離を含む詳細な情報を処理するのが，樹上に生きる霊長類の視覚メカニズムの特徴である．

　はじめから側面を重視した眼球の設定は，明らかな広角レンズをめざしている．それも上下方向ではなく水平線と平行に広角であることを求められている（Houpt and Wolski 1982）．なぜならば，ウシを襲う相手は，まちがいなく地上を走ってくるからである．もっとも，野生の小型反芻獣にとっては，上空からの猛禽類の急襲は，無視できないリスクだろう．しかし，視覚との関連で，小型反芻獣の高所に対する認識力を論じた報告はまだない．いずれにしても，広角レンズを備えていることは，すなわち，正面・側面・背後の捕食者の出現と動きを認識する，重要な形態学的適応である．先にあげたサルと異なり，ウシは，複雑な情報処理により自分の周囲を細かく理解する必要はない．ウシが感知しなければならないものは，"普段とのちがい"でしかないのだ．

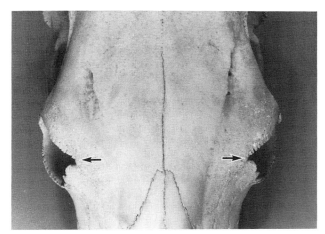

図2-12 ウシの頭蓋の背側観
眼球を収納する眼窩が側面に向いて開いている（矢印）．

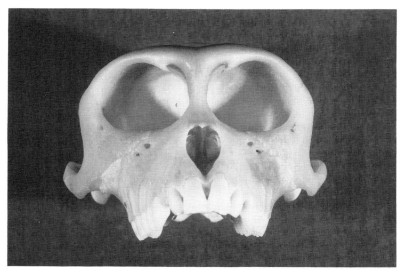

図2-13 霊長類テングザル *Nasalis larvatus* の頭蓋を正面からみる．眼窩は左右そろって，前方へ向かっている．（国立科学博物館収蔵標本）

サーベイランス型認知と色覚

「どんなに小さくても，いつもとちがう出来事が1つでもあれば，それが仕事の始まりです．以前までなかったはずなのに，スズメバチが植え込みに巣をつくったとか，錆びた自転車が道端に捨てられているとか…」

要人の警護を職務とする警察官と談笑していたときのこと，そんな話を聞かせてもらって，ハッと思い立ったことがある．SPは守るべき場の風景を漫然と眺めているわけではない．彼らが注視するのは，平和な光景のなかに飛び込んでくる"普段とのちがい"なのだ．まだみぬ相手が狙撃者の凶弾であれ，肉食獣の牙であれ，合目的的には，まったく同じことがいえる．ウシが認識するのは，"普段とのちがい"だ．自然淘汰がくれた広角レンズで，ウシは，景色を楽しんでいるわけではない．ウシが真っ先に気づかなければならないのは，これまで存在しなかったはずの捕食者の出現と，その捕食者が示す動きの変化だ．

実際のところ，ウシのいわゆる"視力"に関する報告はとても少ない(Entsu *et al.* 1992; 高田ほか 1993)．しかし，ウシにとってほんとうに重要なのは，遠くの丸がどちらに向いて欠けているかを認識する力ではない．ウシに求められてきたのは，眼と大脳の複合システムとして，"普段とのちがい"を察する鋭さだ．これを称して，私は，「サーベイランス型認知」とよんでおくことにする．残念ながら，このサーベイランス型認知の能力を定量化する手法はまだ，確立されていない．動物を使った行動学・心理学・認知科学の発展はめざましいものがある．しかし，捕食者に対する草食獣の認識レベルでの対処能力を測定することにおいて，成果をあげた学者は，まだいない．

ところで，このタイプの認知において，色覚の重要性はどの程度のものだろう．原牛が闊歩するフィールドで，捕食される原牛に鋭い色覚が備わっているとすれば，おそらく，捕食者を選択するファクターにはなるだろう．たとえば，捕食者の体色や，捕食行動を制限する要因になりうるかもしれない．

動物の色覚は，ヒトの色覚検査のように，行動学的に検出するには手間がいる．そこで，認識の実態は検討できないが，網膜において色覚の必要

条件を判定することが，比較的さかんに行われている．網膜の錐状体に存在するヨードプシンに関して，高度な色覚を備えている種は，3種類の最大吸収波長をもつ色素を用意しているようだ．この3色素は遺伝子レベルで分化するとともに異なる細胞で発現されて，色覚として成立することになる．分子生物学的な研究においては，ウシとヒトが主役となったが（Nathans and Hogness 1983, 1984; Nathans et al. 1986），今日，ヒトのようないわゆる3色性色覚は霊長類内の進化において発達したもので，偶蹄類においても，それを捕食する肉食獣においても，基本的には2色性色覚，すなわち赤緑色盲の状態にとどまるとされている．しかし，偶蹄類における詳細な検討は，家畜ウシを含めてもあまり報告がなく（Jacobs et al. 1994, 1998），関心の中心は霊長類での3色性色覚の獲得に移ってしまっている．この分子生物学的結論の流れに対し，苦心の末蓄積されてきたウシに対する行動学的研究の成果は，矛盾しないものだった（Kittredge 1923; Habel and Sambraus 1976; Strain et al. 1990）．すなわち，ウシの色覚の発達は，否定されてきたのだ．

ところが近年，行動学的検討の精度が上がるとともに，ウシの3色性色覚を示唆する研究成果が集まっている（Dabrowska et al. 1981; 圓通 1989; 高田ほか 1989; 植竹 1999）．もっとも，霊長類と対等なほど鋭敏な色識別が可能かというと，どうもそれほど優れた認識能力はないようだ．ウシの色覚は，2色性か3色性かとはっきり判定できないレベルのものかもしれない．いずれにせよ，色覚に関しては，ウシも捕食性哺乳類も，同じくらい低い水準で争っていることが，どうやらまちがいない．突然変異と自然淘汰で競争関係のバランスが成り立つならば，捕食・被捕食者どうしの色覚のレベルがたがいに似通っていても，大きな疑問点ではない．サーベイランス型認知のストーリーのごく一部として，"鈍感な色覚"が成立していると考えて差し支えないだろう．

ランナーとしての適応

アフリカのサバンナの映像で，レイヨウとライオンがある一定の距離をもちながら同居している風景を目にすることがある．アジアのシカとトラでも似た構図をみた経験がある．肉食獣の出現は，たとえばウシのサーベ

図 2-14 ウシの前肢端を接地面からみる．2本指の蹄が発達している．

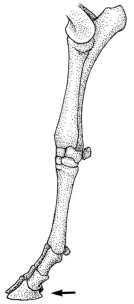

図 2-15 ウシの前肢端の骨格を側面からみる．最先端の骨，末節骨だけが接地に直接関与する（矢印）．

イランス型認知にとって，捕えられない相手ではないだろう．つまりこの例から，"普段とのちがい"を認識しても，すぐにウシが逃走を必要としていないことが，明らかだ．

　このことは，すなわち，間に一定の距離をもっているとき，ウシは肉食獣に対して，確実に逃げおおせるだけの走力をもっていることを示している．ウシの肢端部の様子をみよう（図2-14）．ウシが地面と接するのに使う骨は，四肢の最先端のものだけだ（図2-15; 加藤1957; Popesko 1961; Getty 1975; Ellenberger and Baum 1977; 大泰司 1998）．その骨こそ，末節骨．すなわち，ヒトでいえば，指の一番先の爪のところにある骨である．すでに第1章でふれたが，偶蹄類であるウシの指は，実際には2本だけに減っている（図2-14）．第3および第4の指だけが，走行に関与する．簡単にいえば，中指と薬指だけで，極端な爪先立ちをするのが，ウシの歩行の基本なのだ（加藤1957; Dyce *et al*. 1987）．

　爪先立ちのことを，蹄行性とよぶ．蹄行性の長所はただ1つ．少ない筋肉の負担で，速く走ることである．指を2本に減らしたウシも，中指ただ1本に減らしたウマも，速く走ること以外に，肢端部に特色はなくなった．霊長類のように物を把握することもできないし，肉食獣のように爪を武器として器用に使うこともない．化石ではごくまれに爪で武装した草食有蹄獣が存在したことが示されているが（コルバート・モラレス1993），彼らがどのような歩行様式のもち主だったかは，よくわからない．とにかく，蹄行性を手に入れて，肢端部の機能は走ることだけになった．同時に，肢端部は指を器用にコントロールするための動力，すなわち体積をもつ筋肉群を必要としなくなった．ウシは，極端に長く伸ばした中手骨，中足骨を含め，地面からいわゆる手首・踵までの間には，筋肉も骨も関節も，走るのに最低限のものを備えるだけになったのである．骨の数は著しく減少し，肢端は高速走行時に体重を支えるクッションでしかない（加藤1957; Popesko 1961; Getty 1975; Ellenberger and Baum 1977; Dyce *et al*. 1987）．ほかの哺乳類では細かい運動が可能な手根部・足根部の関節は，地面に対する運動時の上下動をできるだけ少なくすることを目的に改変され，周囲のむだな筋肉を省いている．

　ウシたちの走行の動力は，前腕・下腿から，体幹，そして肩甲骨，骨盤

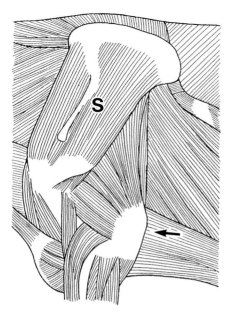

図 2-16 ウシの前肢近位部の骨格筋群左外側面観．Ｓが肩甲骨の部分，矢印は肘関節．走行に適応した巨大な筋群が発達し，優れた肉用家畜の基礎となる部位だ．

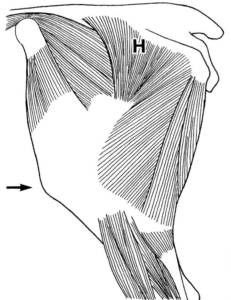

図 2-17 ウシの後肢近位部の骨格筋群左外側面観．Ｈの深部は，骨盤，とくに坐骨の領域にあたり，強大な筋肉が発達する．矢印は膝蓋骨の部位．

の間に発達する巨大な骨格筋群である（図 2-16，図 2-17）．肢端はむだなものを捨て，受動的にクッションとして体重を支えるから，動力となる筋群は，肢端が地面を効率よく蹴ることに適応していれば，それでよい．四肢を通して筋群に求められる役割は，なによりもまず，地面を後ろへ蹴ることである．肉食獣相手の逃走では，複雑なロコモーションを要求されるわけではない（Dyce *et al.* 1987）．前に向かうべく筋力を，むだなく肢端部に伝えることが，すべてである．四肢としては，地面に垂直な面のなかで，振子運動を繰り返すことになる．肢端寄りの関節はあまり動かないが，地面を蹴るために近位の関節は非常によく屈曲する．

　この走りの特質は，脊椎の関節の可動性を，あまり走力に利用していない点である．対照的なのが，そのウシを襲う肉食獣たちで，もっともはっきりするのが，ネコ科の走行様式だ．たとえば飼いネコの走りなら，だれもが眺めたことがあるだろう．歩幅を稼ぐことでスピードを維持する肉食獣は，脊椎を弓形に反らせることで，高速走行を実現する．この方式は，最高速度ではウシにけっして劣らないが，大量の体幹筋を動員するので，あくまでも短距離走にしか適応していないとされる．肢端が爪として武装されている肉食獣にとって，どうしても四肢そのものはウシほど単純化できない．脊椎運動を巻き込んで最高速度を上げることだけが，ウシを捕える唯一の進化的方途だったことが示唆される．

　ネコのような肉食獣が，ウシの走行様式に対抗し勝利をおさめるには，短距離の一撃捕殺しかないことが明らかである．逆にいえば，たとえば平均時速 30 から 40 km/h 程度の長距離走行ならば，ほとんどの捕食者は，走りの点ではウシに太刀打ちできない．まさにこの点で，すでに述べたように，ウシたちは大地の覇者たるにふさわしい能力を有しているのだ．咀嚼システムも，サーベイランス型認知も，大地を支配する形態学的要因である．だが，この走行適応を抜きにしては，ウシの能力を推し量ることはできない．家畜ウシにまつわる"愚鈍"のイメージは，育種されたウシの温順な性格にもとづいて語られているにすぎない．その切り口は第 4 章の重要なテーマである．しかし，大地の支配者としてのウシそのものは，あくまでも最高度のランナーとして進化的成功をおさめているといえよう．

　筋肉が四肢の近位部に集中して発達すること，それにより速く走ること

ができることは，肉用・役用家畜の性質として，そもそも人間が原種に求めるような内容ではない．しかし，このことは，後でふれる，ウシにおけるからだのサイズの巨大化という進化学的適応と結びつき，肉用・役用家畜としての重要な要素になっていったのである．すなわち，四肢近位部への筋肉の集約的配置は，ウシが育種により人間に大量の食肉をもたらす，大きな可能性を秘めていたのだ．

ウシの角

　サーベイランス型認知にしろ，長距離高速走行にしろ，肉食獣からの捕食を逃れるために，相当強力なしくみをウシは備えていることになる．しかし最終的には，飢えた肉食獣の爪と牙を前に，格闘戦に勝利するだけの力をもたなくてはならない．換言すれば，実際にウシは，原牛としての進化過程で，そういう道を見出してきたのだ．

　原牛・家畜ウシのみならず，ウシ科のほとんどは武器として機能する角（horn）をもっている．角は，解剖学的には，前頭骨角突起，すなわち頭の骨の突起を基礎とする（加藤 1957; Popesko 1961; Getty 1975; Ellenberger and Baum 1977; Dyce *et al.* 1987; 図 2-18）．突起の上を，血管の

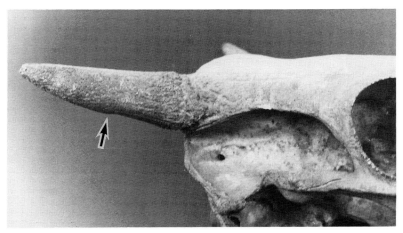

図 2-18 ウシの角突起（矢印）
生きているときは，ここに硬い鞘が被っている．

豊富な軟部組織が覆い，さらにその上に角質の鞘が被る．生まれてまもなくは小さいが，しだいに急速に発達し，生涯もち合わせる構造である．

　この角は，敵対行動・闘争行動とよばれる一連の行動において，きわめて強力な武器として用いられる（Kitchener 1985; Lundrigan 1996; 近藤 1997）．"敵対"する相手は，捕食者であることもあれば，同種であることもある．敵が捕食者の場合には，説明の必要は少ないだろう．相手が自分を躊躇なく殺そうとしているとき，ウシは角でもって，相手を威嚇し，殺傷する．後にふれるように，身体のサイズの問題が関連するが，原牛を想定すれば，体重1トンに及ぶ成体が鋭く丈夫な角をもって疾走してくることになり，楽に捕食できる肉食獣はほとんどいない．ましてやウシが群れを形成していれば，捕食者が目的を達するケースはむしろ少ない．逆に命を奪われることがめずらしくないだろう．

　敵対行動が同種内，つまりウシどうしで展開されることはごく普通のことだ．当然，繁殖をめぐって，集団は軋轢を生じるだろう．その敵対行動の実際は，原牛では知る由もない．野生ウシ科に眼を転じると，日本人になじみ深いニホンカモシカ *Capricornis crispus* は，角に雌雄差のみえにくい種である（Miura 1986; Kishimoto 1988）．一方，*Capra* 属では，角の発達において雌雄差が明確になることがあり（Fernandez-Lopez and Garcia-Gonzalez 1986; Fandos and Vigal 1993; Massei *et al*. 1994; Perez-Barberia *et al*. 1996; Granados *et al*. 1997），雄どうしの闘争に使われるケースが，とりわけ重視されるだろう．

　同種内の闘争は，必ずしも繁殖行動と関係しているわけではない．むしろ，家畜ウシを考えるとき，空間行動に関連する敵対・闘争のほうが，観察機会ははるかに多い（近藤 1987, 1997; 田中 1997）．すなわち，家畜ウシには，原種の群れ行動がベースに残っていて，畜産現場で一定の空間に閉じ込められたとき，個体は適切なスペースを確保するべく行動を起こすのである（McBride 1966, 1968; Dickson *et al*. 1967; Syme *et al*. 1975; 佐藤ほか 1976; Kondo *et al*. 1984; 福田ほか 1988）．実際には，他個体と軋轢を生じ，敵対・闘争行動となって現れる．一方で，少なくとも飼育下の群れにおいては，敵対・闘争行動を合理的に解決するような順位が，なんらかの要因にもとづいて個体間に確立されていて，これらの行動を鎮める

ことが指摘されている（Schein and Fohrman 1955; Beilharz and Mylrea 1963; Bouissou 1972; Syme 1974; Broom and Leaver 1978; Friend and Polan 1978; 近藤 1987, 1997）．

　もっとも，この敵対行動と順位との関係は，まだまだ観察により，多くの知見を得るべき研究課題だ．飼育下の家畜ウシには，原牛の群れを示唆する行動がみられるとともに，また逆に，明らかに家畜化の進行と畜産技術の発展に伴って，後に形成されたと思われる行動が多彩にみられる．本書はこれ以上，行動を切り口にする紙面をもたないので，ぜひくわしい成書と総説を読んでいただきたい（近藤 1997, 1998, 1999; 田中 1997）．なによりも私たちは，ウシのからだが，彼ら独自の個体行動・社会行動を反映する産物であることを，つねに頭におくことにしよう．

　さて，ウシのオリジンである原牛では，角はまちがいなく攻撃・護身用武器である．原牛を観察することはできないが，代わりにアジアスイギュウの角が，私たちに多くの示唆を与えてくれる．アジアスイギュウの角は，*Bos* 属の角とは基部から方向が異なっているので，使い方にちがいはある（Nowak 1999）．とくに実際，敵の身体を穿孔しようかという瞬間には，ウシとスイギュウでは，かなりのちがいが生じるだろう．しかし，かりに穿孔という事態まで闘争が進めば，被害個体のダメージは大同小異だ．たとえば動物園飼育のウシ科どうしの事故として，角による穿孔で死を招くケースは少なくない．博物館におさめられている骨格標本の死因としても，同種個体間の角による穿孔事故が見受けられる．私は，近年，シロオリックス *Oryx dammah* で胃穿孔により死亡した遺体を，博物館に収蔵した経験をもつ．原牛の角が武器としていかに強力であったかは，容易に想像することができよう．

　なお，家畜ウシのなかには，取り扱いを楽にするため無角に育種されたものや，逆に民俗や宗教の要因から，巨大な角をもつものもいる．このことは第 1 章の家畜化の問題でもふれたが，後で第 4 章でも補足しよう．

決定的要素としてのサイズ

　かりにウシを捕食しようとする肉食動物が眼前に現れたとして，角で闘うのは，単純な解決かもしれない．しかし，けっきょくその勝敗を決める

図 2-19 アフリカスイギュウ *Synceros caffer* の剝製標本
巨体と角で,たびたびライオンに効果的な反撃を加えている.(国立科学博物館収蔵標本,Watson T. Yoshimoto 氏寄贈)

のは,角の設計が優れているかどうかだけではないだろう.武器としての角が力を発揮するのは,身体のサイズがある程度大きいときだけである.事実,哺乳類の進化史を通じて,硬い突起物が発達し,武器として使われていたと思われるのは,ある程度身体のサイズの大きなグループがほとんどだ.

　実際,原牛を考えると,500 kg から 1 トンほどの巨体に,効果的な角が備わっていることになる.これをいまも生きている動物で観察すれば,アフリカスイギュウ *Synceros caffer*(図 2-19)が意義ある示唆を与えてくれる(Nowak 1999).アフリカスイギュウは,体重 1 トンに迫る個体が普通にみられ,かなりのスピードで疾駆し,肉食獣の襲撃をかわしている.しかも,肉食獣の射程に捕えられた個体は,けっして無防備ではない.角つきの巨体で,体重でいえば半分以下になるライオンの雌を,かなりの力であしらっている.むろん,ライオンとて,群れをなす有能なハンター

第 2 章　生きるためのかたち　55

図 2-20 ジャコウウシ *Ovibos moschatus*
極寒の地に暮らし，群れが輪になって，角を 360 度に展開．肉食獣と対抗している．（国立科学博物館収蔵標本，Watson T. Yoshimoto 氏寄贈）

であるから，帰結としてはアフリカスイギュウが肉と化すことは多々あろうが，相当数のライオンを蹴散らす光景は，映像でもめずらしくない．

原牛のケースは，このアフリカスイギュウから推して知るべしだろう．ましてや，いまは放牧場でなれの果てをみせる群れ行動が，武器としての角の使用を有効にしていたはずだ．例として，家畜ウシではないが，極寒のアラスカやグリーンランドに暮らすウシ科の珍種，ジャコウウシ *Ovibos moschatus* をあげておこう（図2-20）．ジャコウウシは，背中合せに群れをつくって角を360度に展開し，肉食獣を完全に退けることができる．幼若個体をこの群れの中央に囲って，手厚く防備を固める．捕食されるのは，群れに集合する機会を失った個体だけだ．

2.3 殖えるためのかたち —— 子宮・卵巣・乳腺

雌の生殖器官

これからしばらくの間，雌ウシに備わった「殖えるためのかたち」を，みていきたい．それは，ウシが子孫を残すという目的に対し，十分な適応的進化を遂げたことを示している．それと同時に，ウシが家畜となりえた理由を克明に物語っている．次代の子どもを身ごもることは，私たちがウシに求めるもっとも重要な形質だからだ．第1章でふれたように，これは確実な肉資源の生産につながることになる．同時に第1章で論じた近代ウシ畜産が端的に表現することだが，次世代を産むことで，ウシは，ミルクという食糧を，人間社会に無尽蔵に供給してくれる．雌性生殖器官のかたちと機能，そして，巨大な乳房のメカニズムが，しばしの間の主題である．

横隔膜の仕切りより後方の空間が，腹腔である．ウシの腹腔を前から後ろへたどると，横隔膜直後にある肝臓のエリアから始まって，巨大な胃を通り過ぎる．そして，消化管の大半が終わり，直腸が背側を走るあたりに，骨盤が備わっていることになる．もちろん骨盤は大腿骨をはめ込んで脊椎と連結し，ときに激しい運動を営むロコモーションの主役である．しかし，同時に，この骨盤の腹内側は，腹腔の一連の続きではあるものの，骨盤に閉ざされてコンパクトにまとまっている．この空間に対して，私たちは便

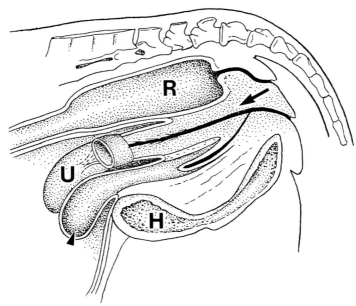

図 2-21 骨盤腔を正中近くで切った断面
雌ウシの生殖器を左側からみる．膣（矢印）と子宮（U）の配置に注意．
生殖器全体の位置を定めるのは，膣の役目だ．矢頭は膀胱，R は直腸，
H は骨盤．

宜的に，骨盤腔という名称を普通に使う．比較解剖学的には明らかに腹腔の続きでありながら，独自のよび名をもつ理由は，たんにそれが空間として区別しやすいからだけではない．

　骨盤腔には，ウシが殖えるためのシステムが集中して配置されているのだ（Popesko 1961; Getty 1975; Ellenberger and Baum 1977; Barone 1978; Bressou 1978）．子宮を中心とした雌性生殖器が落ち着く空間が，まさしく骨盤腔だ．生物学的にも，畜産学・獣医学的にも，骨盤腔はとくに深く論じることが必要になる空間である．

　子宮はいうまでもなく胎子を育てる器官だが，ウシでは膣と一体で論じたほうがよいだろう（図 2-21）．妊娠すると急激に形態を変化させるから，ここでは非妊娠雌を例にとる．

　まずは外陰部から中に入ると，膣前庭とよばれる短い腔所が現れる．い

くつかの分泌腺を過ぎると，腹側正中付近に大きな外尿道口が出現する．膀胱から尿道を経て，尿が表に出てくる開口部である．これをもって，膣前庭の終わりとなり，緩い起伏を内壁にもつ膣へと入り込む．膣は，内腔からみても骨盤腔側からみても，あまり変哲のない太い管にみえるかもしれない（加藤 1961; Popesko 1961; Getty 1975; Dyce *et al.* 1987）．事実，外陰部と子宮を連絡するたんなるパイプ，という認識をもつ人々は多いようだ．しかし，別の見方からは，膣・膣前庭はとても大きな責務を果たす部位だと考えることができる．

　それは，雌性生殖器がウシのからだにどう保定されているかを考えると，明らかになる．まず，普通に想像するよりも，子宮はかなり前方の空間を占めるため，骨盤結合の背側の空間を走っているのは，まさしく膣である（図 2-21）．そして，膣・膣前庭は背側に巨大な直腸が隣接している．また腹側には膀胱と尿道が位置する．つまり骨盤とのつながりを保ちながら，直腸や泌尿器とともに，骨盤腔内にしっかりと保持されるのは，子宮本体ではなくて，膣と膣前庭だ．

　膣前庭は前庭収縮筋に支えられながら，肛門と骨盤の間から，尿生殖隔膜なる壁に裂孔をつくり，陰門に開く．ここで，膣前庭は結合組織や筋肉群に囲まれて，しっかりと位置を決定されている（加藤 1961; Popesko 1961; Ellenberger and Baum 1977）．さらに奥の膣は，結合組織で背側の直腸と連結され，腹側の尿道を囲いながら，より腹側の骨盤に対して空間的位置を固定される．実際のところ会陰部では，尾骨筋，肛門挙筋などの骨格筋が直腸を直接引っぱるが，その直腸に，膣・膣前庭がしっかりと結びついている．陰門部には，陰門収縮筋や陰核後引筋が分布し，外陰部の運動を制御しているが，同時に，膣の位置を，骨盤に対して決めることにも成功している．膣そのものはかなり柔軟な構造で，年齢や繁殖生理学的状態によりかなりかたちを変えてしまうが，骨盤との位置的関係を保つのは，子宮ではなく，あくまでも膣・膣前庭である．

母なる子宮

　さて，外陰部から膣内腔を視診するとしても，ついには，大きな壁に行く手を阻まれる．ここが，子宮への入口．外からは固く閉じられた入口が

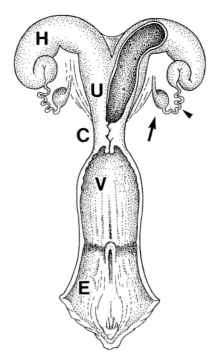

図 2-22 ウシの雌性生殖器官
膣前庭（E），膣（V），子宮頸（C），子宮体（U），子宮角（H），卵管（矢頭），卵巣（矢印）と続く．固く閉じる子宮頸，短い子宮体，大きな子宮角に注目．

みられるだけの，子宮頸である．子宮頸の入口は膣内に突出する輪状の筋肉が発達していて，非常によくめだつ．子宮頸は，断面でみると平滑筋の凹凸がしっかりと組み合わさった，頑丈な障壁だ（加藤 1961; Getty 1975; Dyce et al. 1987; 図 2-22）．人工授精や受精卵移植に際しては，この子宮頸に器具を挿入することが行われるが，固く閉じた頸管に物を入れるのは，発情時を除けば，ほとんど困難である．この固いガードが，妊娠牛の胎子を守る，非常に重要な隔壁となることは確かだ．子宮頸の長さは，普通のホルスタインで 10 cm 程度だろう．

　子宮頸管を抜けると，子宮体に入る．この子宮体は，子宮の中心部分と認識されることが多いが，実態はなきに等しい．子宮頸側からみると，す

ぐに子宮内腔を左右に分かつ子宮壁が現れるからだ．解剖学的に子宮体とよばれる部分は，せいぜい長さ2から3cmのとるに足らない腔所にすぎない．骨盤腔・腹腔からみれば，子宮壁で二股に分かれた子宮は，そのまま特徴的な左右2つの子宮角に続いていく．左右に分かれる部位では，小さいけれど強靭な角間間膜が発達する．子宮の実態は，子宮頸の前方正中にできあがる子宮体ではなく，さらに前方に対になって発達する子宮角なのだ（Dawson 1959; 加藤 1961; Popesko 1961; Getty 1975; Dyce et al. 1987；図2-22）．このため，反芻獣の子宮は，双角子宮あるいは両分子宮という名を与えられている（加藤 1961）．

　子宮角は，角間間膜を終えると，左右両側へ"一人旅"に出る（図2-22）．前方・側方へ伸びながら，急に腹側へ180度転向する．この後，径を急激に減らすとともに，Uターンを2回繰り返すのだ．そして，壁の平滑筋をしだいに薄くして，そのまま穏やかに卵管へとつながっていく．腹腔からみたとき，子宮はピンク色から白色のなめらかで美しい色を呈する．その美しい色調は，子宮体から卵管にいたるまで，広がっている．

　子宮の内腔は，平滑筋による襞の盛り上がりが観察される．内膜の状態は発情周期により異なるが，概ねピンク色に近く，水っぽくみえるはずだ．ウシの子宮内壁の特徴は，子宮小丘なる凸部である（加藤 1961; Dyce et al. 1987）．妊娠していない子宮でも，肉眼で粗っぽいボツボツが見出せる．この子宮小丘こそ，妊娠時に胎子と母体をつなぐ大事な結合部だ．電気にたとえれば，胎子の絨毛叢がプラグで，ほかならぬ子宮小丘がコンセントである．

　子宮角からなだらかに卵管へ移行すると，頻繁に蛇行する卵管がしばらく続く（図2-22）．卵管は膨大部と峡部に分けられるとされるが，実際にははっきりしない．卵管は蛇行したあげく，けっきょく子宮角に近づいて卵管漏斗となる．卵管は小さな卵管間膜に支えられているが，卵管漏斗はその間膜の端に位置する．漏斗の大きく広がった部分が卵巣を囲み，卵子の供給を受けるのである（加藤 1961; Popesko 1961; Dyce et al. 1987）．

　さて，典型的な非妊娠雌を想定したとき，骨盤結合の背側に位置するのは膣で，せいぜい子宮頸のあたりまでしか，骨盤結合との意味ある位置関係を見出すことができない．子宮体より巨大な子宮角にいたる部分の保定

は，子宮広間膜により，背側の体壁から吊られることで行われている．広間膜という言葉にあまり重要な意味はない．いわゆる臓器の背側の間膜であるが，面積が広くなるので，子宮に関しては"広"の字を加えるだけだ．非妊娠子宮の場合は，話は単純．骨盤結合を過ぎ，ちょうど骨盤腔とよばれる空間が終わるか終わらないかのところまでに，子宮全体が収納されている．

　広間膜に頼る子宮の保定が，いかにもいい加減に感じられるのは，私だけではないだろう．子宮は保定の主役を尾側の膣に預けてしまった，ということができる．より正確なとらえ方をすれば，雌ウシのからだは，子宮自身に強力な位置決めを施すことが困難なのだ．その理由は明快．巨大な胎子を，少なくともウシの腹腔にとって非常に大きな胎子を，子宮は抱え込まなければならないからである．この妊娠という事態については，後ほど論じることにして，ここはひとまず卵巣を語ることにしよう．

次世代を担う卵巣

　雌の腹腔後部には，卵管漏斗部に覆われながら，一対の卵巣が存在する（図2-22）．卵巣そのものの大きさは，ホルスタインでも，長径5 cmに満たないだろう（加藤 1961; Getty 1975; Ellenberger and Baum 1977; Dyce et al. 1987）．卵巣は子宮広間膜の一部に吊られている．卵管が曲がりくねったあげく，子宮角に再び近づいてきているので，卵巣は腸骨体の腹側に存在することが普通だ．

　卵巣の一般的機能については，くわしく記すまでもないだろう．性成熟後，つぎつぎと卵胞を成熟させ，排卵と黄体形成を繰り返す．妊娠しなくても排卵し，黄体をつくるのは，ヒトと似ているかもしれない．しかし，こういった周期は，哺乳類の繁殖戦略としては，必ずしも一般的ではない（高橋 1988）．非妊娠の雌が，ほんとうのところは役に立たない黄体を形成するというのは，かなりのんきな繁殖パターンと考えることができるからだ．

　よく例にあがるラクダは，ウシと同じ偶蹄類だが，卵胞成熟はするものの，交尾しないかぎり，排卵すらしない．広い土地に少数の個体が分布するラクダ類は，万に1つの雌雄の出会いをむだにするわけにはいかないの

だ．確実に交尾し，確実に受精する．それがラクダたちの戦略だろう．また，繁殖の実験でよく使うラットは，排卵はするものの，黄体はわずかな組織ができるばかりで，交尾さえしなければ，すぐにつぎの卵胞成熟・排卵を繰り返す．無為に黄体をつくって，発情の頻度を下げる必要などないからである．

　ウシはこれらに比べれば，のんびりしている．排卵の間隔，すなわち発情周期は 21 日．子宮のスタンバイを確実に整えて，非妊娠時には月経まで繰り返すヒトと比べれば，この周期は確かに短い．しかし，哺乳類としては，相当のんきなパターンを使っていることになる．原牛の生態を想定すれば，このんびりした時間が，おそらく雄を選りすぐることに使われていたことが推測される．また，対になった卵巣の左右がどう排卵するかという問題は，メカニズム的にはほとんどわかっていない．つまり，経験的に排卵は左右交互に起こるなどといわれるが，ほんとうのことはわからない．トータルでは，右の卵巣のほうが排卵機会が多い，という結論が得られているにとどまるだろう（Dyce *et al.* 1987）．

　さて，畜産学・獣医学を学ぶ諸氏は，必ずウシで直腸検査を経験するはずだ．技術としても古典に属すこの手技は，大動物だからこそ実行できる便利なものだ．ホルスタイン程度なら，直腸から腕を差し込むことで，腸壁越しに卵巣を触診することができる．慣れてくれば，腸壁越しに指先が得る情報から，おおざっぱな卵巣の表両を，画に描いてみせることが可能になるだろう．発育中の卵胞の状態，成熟あるいは退行していく黄体を，指先の感覚でつぶさに認識することができる．確実な人工授精が求められる畜産現場では，直腸検査はウシの発情状態を把握する，もっとも基礎的な方法として重宝がられる．また習熟すれば，腸壁越しに，子宮や子宮に分布する動脈の状態を，確かめることができる．こうして直腸検査の結果を総合すれば，妊娠の状態を知るために，有効な判断材料がそろうことになる（星・山内 1990）．

妊娠子宮の変化

　先に述べたとおり，子宮は，子宮広間膜で吊られているだけで，保定としては頼りない．その理由は，妊娠時に巨大化する子宮は，そもそも直接

的に位置決めをすることができず，緩やかに吊り下げるほかないからである．妊娠とともに，子宮，とくに子宮角は激しく大きさとかたちを変える．以下，妊娠時の子宮の変化を追ってみることにしよう．

　まず，先に排卵の左右の使い分けは，実際のところわからないと書いた．しかし，どうやら右がよく使われるという事実はあるようだ．当然，妊娠するのは右の子宮角のことが多くなる（Dyce *et al.* 1987）．通常，ウシの胎子は1個体だけなので，その落ち着く場としては，子宮角も片側だけが使われるわけだ．とはいっても，胎膜は，すぐに胎子のいない側の子宮角にまで伸びていって，立派な胎盤を形成していく（Bjorkman 1954; Dyce *et al.* 1987）．

　胎子側では絨毛膜から絨毛叢が発達し，子宮内面の子宮小丘との間につながりをもつようになる．多数の絨毛叢が特徴的なので，叢毛胎盤とか多胎盤という名称でよばれる（江口 1985）．着床から3カ月もすれば，しっかりと固着する胎盤がつくりあげられ，胎子と母体を結ぶ．胎盤は，組織学的に上皮絨毛性胎盤というものに分類される（江口 1985）．しかし，胎盤の形態学的な分類は，胎盤の本質的な機能にとっては，あまり重要とは思えない．分娩直前には，子宮小丘は，長手方向で20 cm近いサイズをもつようになる．胎子のいない側の子宮角でも胎盤は発達するが，一般に胎子側より少し小さいといえよう．

　妊娠期間280日．母体にとって，妊娠末期の子宮は，非妊娠時と比べて，長さで15倍，内容物を含めて100倍のサイズに達するという記述がある（Dyce *et al.* 1987）．柔軟にかたちを変える臓器におけるサイズの値は，そもそも大きな意味をもたないが，変化の度合を伝える指標としては，この数字は示唆に富むだろう．

　巨大化した子宮角は，もはやもとの位置におさまりきれない．ここまで大きくなる子宮を，頼りない広間膜は十分に位置決めすることはできないのだ．子宮は胎子を引き連れたまま，どんどん前方へ発達する．しかし，支える床はないわけだから，子宮角はどんどん腹側へ落ち込んでいくことになる．落ち着く先は，第3章でふれる巨大なルーメンの脇である．第3章で胃を吊り下げる"片腕のハンモック――大網"についてくわしく語るが，妊娠子宮は，この大網に割り込むように，ルーメン近くの右側に場所

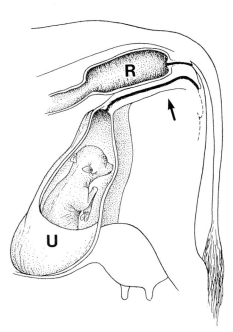

図 2-23 妊娠時の子宮
子宮（U）が腹腔前方へ伸張し，腹壁近くまで落ち込む．後方で位置を決めるのは膣・膣前庭である（矢印）．R は直腸．

を占めるのだ．妊娠子宮角が左だろうと右だろうと，落ち着く先に大差はない．大網はある程度子宮の位置決めに役立つだろうが，けっきょく妊娠子宮角は腹壁に接する位置まで落ち込んでしまう（図 2-23）．胎子と子宮角を直接支えるのは，腹壁，事実上腹筋だ．もちろん子宮広間膜はこの事態を見過ごしているわけではない．妊娠とともに広間膜は膜としての面積を増し，当然それなりの強度を維持するようになる．しかし，腹腔へ落ち込もうとする生殖器官全体を引き止めるのは，子宮広間膜ではない．その役割を果たすのは，あくまでも先述の膣・膣前庭であることを銘記しておこう．ついでにいうと，妊娠後期の子宮角は，ルーメンや空回腸を直接押し上げるまでに成長する（Dyce *et al.* 1987）．子宮頸ももとの位置を離れ，完全に腹腔へ落ち込んでしまう．

　一方，妊娠雌の生殖器における変化は，胎盤の出現や子宮の巨大化だけ

ではない．もっとも顕著な変化の1つが血管に起こる（加藤 1961; Miyagi 1966; Dyce *et al.* 1987）．腹大動脈は骨盤腔付近でたくさんの枝に分かれながらもとの太さを失っていくが，かなり後ろに位置する分岐に，内腸骨動脈という枝がある．ここから枝を分けるのが，子宮動脈．非妊娠雌の解剖では，かなり注意して骨盤の腹側をのぞき込みながら剖出しなければならない相手だ．これが，胎子側子宮角に関しては，おそらく 20 mm は超える太さに拡大する．

さて，読者はお気づきだろうか．ウシの妊娠における最大の特徴の1つは，ほとんどの場合1個体だけの胎子を，十分に大きく育ててから分娩する点にある．ウマが似た例かもしれないが，偶蹄類家畜のヤギ，ヒツジ，ブタとは明らかに異なる．ウシに備わったこの適応の野生動物学的意義はただ1つ．ウシは，分娩後まもない幼獣が，フィールドですぐさま起立し，乳を飲み，確実に親とともに行動し，並外れた走力で疾駆することを指標に，自然淘汰を受けているのである．ウシに備わった生きていくためのさまざまなメカニズムは，ウシが成長を遂げてはじめて，十分な機能を営むことができる．それまで子ウシが生きていくには，親に付き従って，少なくとも十分に走ることができなくてはならない．そういう胎子を分娩することが，ウシが野生下で敵の鼻を明かしながら子孫を残す，唯一の術なのだ．腹腔内の子宮のシステムは，まさしくそのことを保証するために，設計されているのである．

平凡な乳腺

骨盤腔・腹腔を離れることにする．ここで，家畜であれ，原種であれ，ウシにとってきわめて大切な装置をみることにしよう．乳腺である．第1章で現代のホルスタインの極端な例をあげた．年間泌乳量が2万kgに達する個体すら現れる種の乳腺とはいかなる構造であるか．興味をもたない読者はいないだろう．

しかし，私が思うに，結論は乳腺に関しては，あまり劇的ではない．乳腺は，これまでふれたような，たとえば舌や肢や眼の適応に比べ，あくまでも家畜としての改良というウエートが大きいのである．つまり，草を食べるメカニズム，速く走る機構，そして次章で突き詰める究極の消化シス

テムとしてのルーメンに比べると，ウシの乳腺はけっして異常な代物ではない．換言すれば，大地の支配者，究極の反芻獣としてのファクターに，乳腺を加えることはけっして適切ではないのである．ウシの乳腺が，ほかの哺乳類を凌駕する質的な差異をもつものだとは，思われないのだ．

　おそらくは，原牛の泌乳能力がけっして低くなく，それを畜産物として利用する工夫はだれにも容易に考えられることだったろう．しかし，家畜化開始の時点で，乳腺そのものは，哺乳類の進化史を揺るがすほどの特異な構造体でも，機能的システムでもなかったと考えるべきだろう．その後の乳牛としての改良と発展を支えたのは，あくまでもウシの乳腺がもっていた量的拡大の可能性に尽きる．そういう可能性を最大限に引き出したのが，ほかならぬ，育種の営みにおける人間の叡智なのだ．"平凡な乳腺"——ここでは，その平凡な乳腺が成功した，量的拡大の事実をみすえておきたい．

巨大な乳区

　乳牛の腹面後部には，巨大な乳房が懸垂されている．乳房は，普通，4つの乳頭をもち，それぞれによく発達した乳腺組織がつながっている．4つの乳頭は，1つ1つの機能的単位として乳区という便利な言葉で表現される．前に1対，後ろに1対の，計4乳区が，ウシの泌乳装置のすべてだ．4つの乳区それぞれが，ウシの高い泌乳能力を担っているのである（Ziegler and Mosimann 1960; 加藤 1961; Popesko 1961; Getty 1975; Ellenberger and Baum 1977; Weber 1977; Dyce *et al*. 1987; 図 2-24）．

　それぞれの乳区は，さかのぼれば無数の腺房の集積からなり，それらが少しずつ導管に集合する（Dellmann 1993）．ウシの乳腺は，量的に著しく発達してはいるが，腺組織そのものが，ほかの哺乳類と比較して，大きな形態学的特殊性を示すわけではない（ローマー 1983; 藤田・藤田 1984）．管は何度も合流を繰り返し，いわゆる乳管という管を形成，最終的に4乳区それぞれが独立して，4つの乳管洞に連絡する（図2-25）．前の1対の乳区においては，導管は側方から，後ろの1対の乳区では，導管は乳管洞の尾側から集結するといわれている（Dyce *et al*. 1987）．いずれにせよ，本来の乳腺の開口部は，ウシでは乳管洞の奥に位置していて，外

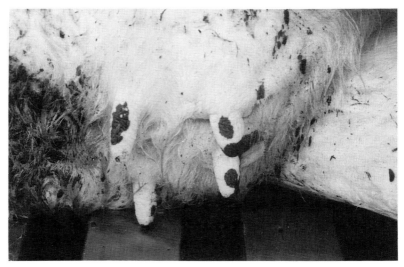

図 2-24 ホルスタインの巨大な乳房
後肢の間を腹側からみたところ．4つの乳頭を備える．

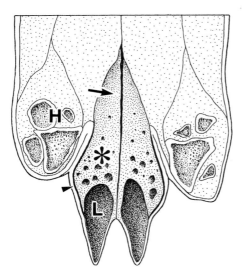

図 2-25 乳房と両側の後肢（H）をまとめて切って，横断面をつくった．乳房は内側板（乳房提靱帯）（矢印）と外側板（矢頭）で懸垂されている．アステリスクが乳腺組織の発達する領域．乳管洞（L）は，それ自体がミルクの貯蔵場所として機能し，泌乳を直接コントロールする．

部からはみえない．4乳区の境界は，左右に関しては後にふれる結合組織性の明瞭な分離が観察できるが，前の乳区と後ろの乳区に関しては，肉眼で境界を見出すことが，なかなかむずかしい．ともあれ，機能的単位としての4分割は，明確なものだ．

外からはっきり識別できる乳頭部は，かなり厚くて柔軟な壁をもっている．搾乳のときに，絞り出す部分だ．畜主のみならず，畜産学・獣医学の学生ならば，手搾りを経験するだろうし，先進国で主流のミルカーにしても，乳頭部を把持していることに変わりはない．乳頭壁の内部は，そのまま乳管洞である（図2-25）．実際には，乳管洞は乳頭部のみにとどまらず，乳腺部分にまで及んでいる．乳管洞だけで，小型の乳牛でも 300 ml はミルクを貯溜するだろう．つまり，ウシの乳管洞は，かなり大きなミルクのタンクとして機能している．乳頭壁は乳管洞の外壁であって，乳腺本来の開口部とは関係ないので，この構造全体を偽乳頭とよぶことがある．また，乳頭壁には静脈叢が発達し，近代畜産では本来の意味をもたないが，子ウシの吸乳に対して，乳頭を硬化させる働きをもつ．さらに，乳頭口（開口部）周辺には，重要な役割がある．確実な乳頭の閉鎖だ．乳頭壁の先端付近には，平滑筋が括約筋状に走行し，乳頭口を閉じているのだ (Dyce *et al.* 1987)．

懸垂と血液供給

トータルの4乳区，すなわち乳房が，ウシの場合，腹壁後部から後肢の間にかけて限局する理由はわからない．単胎妊娠に対する，4つの乳腺の発達の意義は，問われた形跡すらみない．ただし，乳牛で起こっている事実としては，その重さが 60 kg に達するという記載があるほど，巨大な構造体が完成していることである (Dyce *et al.* 1987)．原種の段階で，乳房を懸垂する装置はホルスタインとまったく同様にできあがり，それが育種の成果たる巨大な乳房にそのまま使われていることは明らかだ．ここで，乳房を懸垂・保持するしくみを明らかにしておこう．

乳房の懸垂を司るのは，腹筋の表層，つまり概念的には皮膚の下から生じる結合組織である（図2-25）．正中部，すなわち左右の乳区の境界ともなるのが，乳房提靱帯なるスマートな日本語を与えられた結合組織である．

別名を内側板という．腹壁表層から伸びる乳房提靱帯は，乳房の奥深くへ入るとともに細かく分岐して，乳腺組織の間に侵入，重い乳房全体を支えている（加藤1961; Dyce *et al.* 1987）．一方，外側からは，やはり腹壁表層からそのまま乳房内へ侵入する別の結合組織がある．これが外側板である．外側板は靱帯という名称を与えられていないが，左右両側から乳房を吊るす．正中と両側の結合組織・靱帯が，みごとなコンビネーションで乳房を支えている．もちろん体側や尾部から一続きになった皮膚が乳房全体を覆うが，生きている乳牛をみていると，この皮膚は柔軟な乳腺とともに運動して，かなり大きくかたちを変えている．皮膚そのものは，力学的に懸垂の主役とはなっていないのだろう．

　さて，家畜ウシとしても原種としても，乳腺の能力を引き出すには，泌乳時の十分な血液供給が必要なはずである．単位体積で乳汁の500倍の血液を乳腺に供給する必要があるとまでいわれている（Dyce *et al.* 1987）．それだけの血液を送るために，乳腺には，外陰部動脈が用意されている．腹大動脈は両後肢に続く大腿動脈を送るが，その大腿動脈からほかのいくつかの動脈枝とともに現れるのが，外陰部動脈である（加藤1961; Popesko 1961; Getty 1975; Ellenberger and Baum 1977; Dyce *et al.* 1987）．外陰部動脈は，ホルスタインでおよそ15 mmの外径を保ちながら，鼠径管を通過し，すぐに乳房に入る．乳房内で前乳腺動脈と後乳腺動脈に分岐，この2つの経路を使って，大量の動脈血が乳腺組織に送られることになる．また，機能的重要性は低いが，腹側会陰動脈も後乳腺動脈に吻合し，乳腺への血流路となる．

　畜産現場では，たとえばホルスタインの評価の指標に，乳房のサイズや皮下に分布する血管の太さが問われている．確かに大きな乳腺は高泌乳の必要条件かもしれないが，乳房外貌の個体変異が，各個体の泌乳能力の差を客観的に示すものだとは考えられない（Dyce *et al.* 1987）．それよりも私は，原種に育まれた乳房の能力が，家畜化で桁違いに拡大したことに注目して，この章を終わりたいと思う．巨大化した乳腺組織の産乳能力も，乳房懸垂システムの強度も，乳腺への血液供給量も，人間の飽くなき要求に対応して原種から導き出された，類希な"かたち"であることを，理解できたかと思う．こうみてくると，ウシのからだとは，非常に高度な適応

的メカニズムの集合体であることが明らかとなってくる．

　しかし，私たちはまだ，ウシのからだの，ある一面しかみていないのである．次章ではついに，ウシのからだを語るときの，もっとも重要なテーマ——究極の反芻胃——について，筆を進めることにしたい．その驚異のシステムは，多くの読者の想像を超えるものだろう．

第3章 もう1つの生態系
ウシの胃

3.1 反芻胃の構造

解剖学実習の驚き

「解剖学」という昔からの言葉のほか,「生体機構学」「機能形態学」などさまざまなよび名をもっているが,いずれにしても大学の畜産学・獣医学の課程には,必ず形態学の実習が準備されている.学生はたいていの場合,ごく初期に受講する専門科目の1つとして,これらの実習を経験することになるだろう.形態学の実習が,教育課程のなかでどのくらいのウエートを占めるかは指導者の考え方次第だが,多くの学生にとってそれが質量ともに,記憶に深く刻まれる教育であることは,どうやらまちがいがないようだ.

解剖学の実習は,紙面や言葉だけではよび起こせない新鮮な衝撃を受講者に与えている.学生は,まず動物の死体を目の当たりにする.つぎに,実際にメスやピンセットで,いわば死体と対峙し,そのつくりを明らかにする過程を体験するのである.人間が生来もつ死体への畏怖が,学生の認識力を研ぎ澄まさせることはもちろんだろう.しかし,それにもまして,科学的好奇心が死体との格闘から満たされ,さらに育まれるプロセスに,学生たちが魅力をもたずにはいられないようだ.

学生時代,イヌの身体で約半年間の実習を経た私が,その何倍ものインパクトに襲われたのは,ウシの解剖だった.私の驚きの原因は,自分より大きな動物の解剖が生まれてはじめてだったことでもあろう.しかし,その腹腔に自分の想像をはるかに超えた代物がおさまっていたことが,なにより私の心をとらえて離さなかった.

ウシの胃こそ,20歳の私の好奇心を根こそぎ奪うだけの"化け物"だ

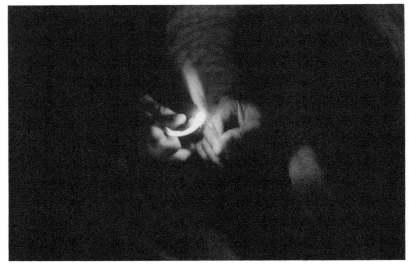

図 3-1 青い炎を上げるウシの胃
解剖開始後まもなく,胃壁を切開して中にたまるメタンガスを抜く.試しに火を点けてみた.青白い灯火は,究極の消化器官,ルーメンの"叫び"だ.

った.

　絶命して3時間もすると,解剖体のウシの腹腔は顕著に膨れ上がってくる.学生たちが最初に試みるのは,腹壁・胃壁を穿孔し,チューブを挿入,胃内に充満したメタンを放出することである.多くの場合,メタンを確認するために,挿入したチューブの出口に灯を灯す.炎が灯るのは時間にして十数秒.胃の発酵槽としての機能を目の当たりにすることができる(図3-1).

　メタンの燃焼は,解剖学実習のなかでは一種の儀式かもしれない.しかし,その後の数時間は,私にとってたとえようのない驚きの連続だった.白と黒のホルスタインの皮を剥皮刀でていねいに外していく.続いて,腹壁側面の筋層を除去していく.脇腹の筋肉は思いの外,薄っぺらだ.

　ついにホルスタインの左腹壁から顔を出したのは,自然淘汰の産物とは思われぬ,洗練された,工学的センスすら感じさせる巨大なタンクだ(図3-2,図3-3).だれもがみたことのあるホルスタインの,ウシの象徴ともいえる白黒の毛皮の奥に,進化史上もっとも精巧といってもよい合目的

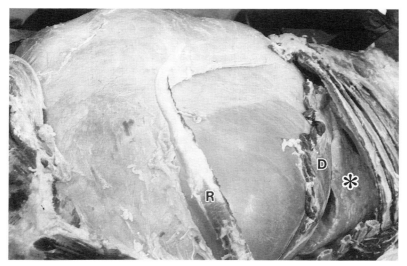

図 3-2 解剖が進む
左側面観．写真下側が背中になる．腹腔から姿をみせたのがルーメンだ．頭側に，肺（アステリスク）と横隔膜（D）がみえている．R は途中に 1 本だけ残された肋骨だ．

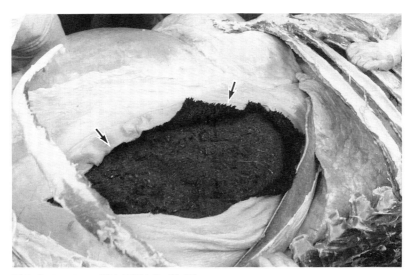

図 3-3 ルーメンの壁を切開する（矢印）
内部に残る飼料がみえてきた．

第 3 章　もう 1 つの生態系

消化システムが，姿を現してきたのである….

前胃と後胃

さて，ここでは，20歳の私が出会ったその"化け物"，すなわちウシの胃の解剖学的な構造についてくわしくみていくことにしよう．ウシの胃の形態学については，すでに多くの成書・報告が読者に吟味されている (Franck 1883; Auernheimer 1909; Martin 1919; Murphey et al. 1926; Florentin 1953; Schreiber 1953; Nickel and Wilkens 1955; Benzie and Phillipson 1957; Kitchell et al. 1961; Popesko 1961; Getty 1964; Erandson 1965; Gouffe 1968; Habel 1970, 1973; Berg 1973; Barone 1976; Ellenberger and Baum 1977; Bressou 1978; Dyce et al. 1987; Stevens and Hume 1995)．19世紀からの成果が多数並んだことに目を見張る読者もいよう．しかし，これらはウシの胃に解剖学的な関心をもつ者が読むべき本の，ごく一部でしかない．解剖学とは，成果の蓄積と議論を長く重ねてきた学問なのである．成書の類は何度も改訂され，そのたびに味わい深い書物として発展していく．アリストテレスの時代から，人間が本質的に興味をもってきた対象が，生きものの"かたち"なのだと，私は確信する．新しい学問ではけっして体験できない"知の足跡"が，解剖学書のページには輝いている．本書では，これらの著作をひも解きながら，私自身の解剖の体験を織り交ぜつつ，ウシの胃を楽しく旅してみたいと思う．

ウシの胃は，食道に続いて，第一胃から第四胃の4つの空所で構成されている．第一胃から第三胃までの3カ所が前胃，第四胃だけが後胃として区別される．これはほとんどの成書が採用する区分けて，確かに両者では壁構造や消化機能が大きくちがうから，必然的な区別だといえよう（加藤1957; 江口1985）．さらに，機能形態学的にもう少しくわしく区別するときには，第一胃と第二胃をとくに反芻胃とよんで，第三胃・第四胃とは別個に議論することも多い．

ただし，かつては，前胃の食道起源説が長く信じられていた経緯もある．これは，発生学的に単胃動物の胃と相同なのは第四胃のみで，前胃は食道が発生段階で拡張したものであるという説である．現在この説は事実上完全に否定され，4つの袋がすべて歴とした胃から分化してくるという主張

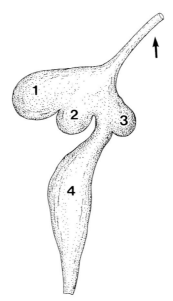

図 3-4 発生途上のウシの胃
前胃も含めて，すべての空所が胃として発生してくる．1：第一胃．2：第二胃．3：第三胃．4：第四胃．矢印は食道．

が支持されている（Moir 1968; 江口 1985; 神立・須藤 1985）．つまりは，形態学的にも機能論的にも，ウシの前胃は食道ではなく，胃の一部であることを再確認しよう．胎子を観察すれば，4つの空所は，一切食道の関与なしに胚子の胃紡錘から発生してくることがよくわかる（図 3-4）．

さて，ウシの腹腔は胃のためにあるといっても過言ではない．胃と後述の腸管をおさめると，腹腔内はまったくの左右非対称である（図 3-5 から図 3-8）．私はこの様子をみるたびに，目的・機能のためには，生きもののからだはここまで再構築されるのかと，自然淘汰のすさまじさに驚きを抑えきれない．

胃内容積の数字は，これまでの議論には幅があり，60 l（Dyce et al. 1987），110-200 l（Ellenberger and Baum 1977）とさまざまである．実際，非常に大きく，かつ柔軟な袋のサイズには測定誤差が生じて当然で，これを厳密に語る生物学的意義はあまり高くないだろう．ただし，この動

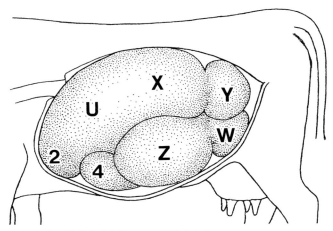

図 3-5 左側腹壁を取り除いて，腹腔をみる
この角度では，ほとんど第一胃ばかりがみえてくる．筋柱が第一胃をいくつかの腔所に分けている．Xが背嚢で，Yが後背盲嚢．Zが腹嚢，Wが後腹盲嚢．Uは外からは見分けにくいが，第一胃前房の領域である．そのさらに前方に，第二胃（2）が顔を出す．正中腹側に位置するのが，第四胃（4）．

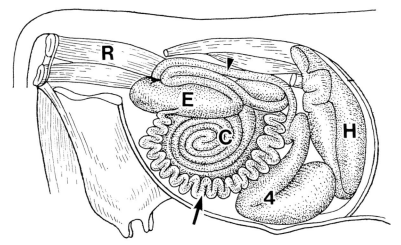

図 3-6 右側腹壁を取り除いて，腹腔をのぞく
第四胃（4），十二指腸（矢頭），空回腸（矢印），円盤結腸（C），盲腸（E）そして直腸（R）がみえる．もともと第四胃の手前に小網にくるまれた第三胃があり，そこまで肝臓（H）が伸びているが，それらを取り除いて，第四胃や腸管を示した．第三胃の形状と位置は，図 3-7，図 3-11 と図 3-13 を参考にしてほしい．

物が庶民の浴槽と大差ないタンクをもっていることはまちがいない．

60 l という推定総体積の割り振りは，成獣で，第一胃 80%，第二胃 5%，第三胃 8%，第四胃 7% とされている（Dyce *et al.* 1987）．小型反芻獣での割合は，第一胃 75%，第二胃 8%，第三胃 4%，第四胃 13% とされるが，いずれにしても第一胃が圧倒的に大きいことは，反芻獣に共通する特徴である．巨大な第一胃の容積は当然，食物をため込むのに使われる．消化物は第一胃から，遠位へ少しずつ送られるので，ウシの 4 つの袋はいつでも，バランスのとれた割合で内容物を取り込んでいることになる（Blamire 1952; Baker 1979; Dyce *et al.* 1987）．

ルーメンと第二胃のかたち

前章でふれたように，ウシはそもそも哺乳類の産する酵素では消化困難な炭水化物の塊を，直接口に入れている．臼歯で破砕するとはいえ，粗っぽいままの植物繊維の塊を受けつけるのが，第一胃である．ここでは，粗雑な食物を一手に引き受ける第一胃と，それに連なる第二胃についてみていくことにしよう．

第一胃は一般にルーメン（rumen）とよばれる．ここはまさしく，哺乳類の消化酵素では消化されない植物を，微生物による分解過程で消化するシステムの主要部分である．単純な分解産物はルーメン壁を通して血中に直接吸収されるが，残りの食物は下部の消化管でさらに消化・吸収を受ける．

ルーメンは，大部分を左側腹壁近くまで押しつけられるように配置されている（図 3-7, 図 3-8）．ウシの横隔膜は一般的な認識よりも，はるかに頭のほうに向かって凸状に食い込んでいて，ルーメンは単純な横断面のレベルでは，第七肋骨あたりまで達しているのが普通である．つまり，ルーメンは，真横からみれば，胸の領域まで大きく割り込むように，腹腔内を占領している．さらにルーメンは，頭側では右側腹壁にも届くように前方から腹側へかけて広がり，尾側では骨盤の前部にまで達している（図 3-5）．

ウシの腹腔は，まさにルーメンの収容のために使われてしまっている．あえていえば，後述する空回腸に，尾側で少しスペースを譲る程度である．

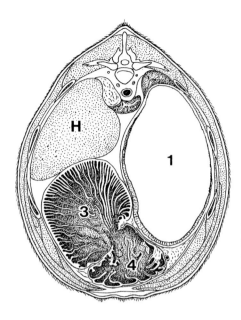

図3-7 第九胸椎付近での横断面を頭側からみる 第一胃（1），第三胃（3），第四胃（4）が，胸腔のレベルまで入り込んでいる．Hは肝臓．

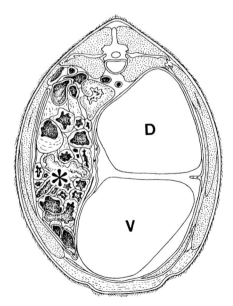

図3-8 腰椎列の中央付近の横断面を頭側からみる 左側を第一胃（背嚢がD，腹嚢がV）が，右側を腸管（アステリスク）が占めている．

ウシを"ルーメンに生かされ，お礼にルーメンを運んでいる動物"と思わざるをえない．ウシという系統，あるいは種，あるいは家畜，あるいは個体が，ルーメンとともに生きることではじめて，その存在の必然性をアピールすることができるのである．

第二胃は，第一胃よりむしろ頭寄りに配置されているといえる．主要な部分は，第六から第八肋骨の正中側から左側にかけて存在する．このあたりの左側面を切開すれば，かなり地面に近い位置にみえてくる（図3-5）．第二胃は，食道とルーメンの結合部から横隔膜に沿って広がり，正中側ではそのまま胸骨の剣状突起の上に乗るように位置しているのだ．

さて，第一胃の内側には，一連の筋肉の柱，いわゆる筋柱が形成されて，いくつかの空間に分かれている（図3-9）．左腹壁側からみると，まず，ルーメンは地面に水平な溝で2つに大きく分かれてみえる．この溝が縦溝とよばれ，ルーメンで最大の筋柱，すなわち第一胃筋柱の走行する部位である．第一胃はこの筋柱で，背部と腹部，すなわち背嚢と腹嚢に分けられる（図3-5）．さらに冠状筋柱が後盲嚢を区分し，一方であまりめだたな

図3-9 ルーメンの内景をみる
乳頭をもつ緑色の上皮と，筋柱による区画（矢印）がよくわかる．ルーメンは筋柱でいくつかの部位に分けられている．

いが，前筋柱が背嚢の一部を前端部（第一胃前房）に分けている（図3-5）．この部分は先の第二胃との接続部として機能することになる．

仮想紙上解剖学

　第一・二胃の周囲との関係，それに胃壁の構造は，実際にウシを一度解剖してみないと，頭の中で理解するのはむずかしい．学習者の解剖学の習得が，経験によって大きく進展するよい例かもしれない．しかし，ここでは紙の上で，腹腔内での胃の位置とその壁のつくりを再現してみよう．

　まず，前方で第二胃が横隔膜および肝臓と密着していることを頭に入れよう．横隔膜を貫く食道はそのまま広がって第一胃前房を形成，すぐその腹側に第二胃が連なっている（図3-5）．ルーメンは第二胃とはとりあえずまったく無関係に，左尾側へ大きく広がる．第二胃はそのまま横隔膜に沿って，右側へ顔を出し，第三胃へ連なる（図3-7）．

　ここで妙なことに気づく読者は少なくなかろう．実際のウシの腹腔では，食道から胃の4つの袋が順番につながっているわけではない．胃の噴門は第一胃前房に開くが，同時に第二胃にも開いているのだ．しかも第二胃には，右側面を下降する溝，第二胃溝が発達している．この溝は肉質の唇をもっていて，閉じれば管に早変わりする．つまり，食道は直接第二胃に開くうえ，その第二胃は管状の通路をもって第三胃に開く．要するに，ウシは時と場合によっては，いきなり食道から第三胃以下へ食物を運ぶことができるのである．

　"時と場合"とは，じつは子ウシの状況である．子ウシでは第二胃溝は閉じられた管に変化し，母親のミルクを食道から第三胃管へ直接運び，続いて第四胃へ導く．第二胃溝の管への変化は，母ウシからミルクをもらう際に，反射的に起こることがわかっている．子ウシが離乳するに伴い，第二胃溝の管状変化は起こらなくなる．要するに，植物を食むようになるまで，ウシは前胃をまったく必要としない．進化の最高傑作，ルーメンは，離乳時まで究極の秘密兵器として封印されているわけだ．

　内壁はどうなっているのであろうか．胃壁を切開すると，中からおびただしい量の飼料が出てくるが，これをすべて取り除く．普通の成牛なら，それだけで十分な労力を要するほど，第一胃は広く複雑だ．しだいに顔を

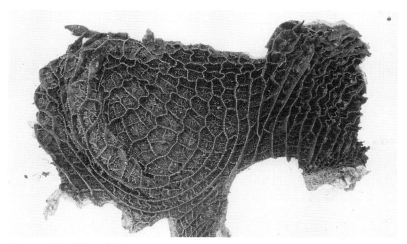

図 3-10 第二胃壁を内腔側からみる
まさしく蜂の巣だ．

みせる第一胃粘膜は緑褐色の重層扁平上皮で内張りされている（図 3-9）．粘膜面には円錐状や葉状の乳頭が一面に発達している．乳頭は盲嚢内でサイズが最大になり，もっとも密に分布する．一方で，腹嚢ではあまり発達しない．筋柱周囲には乳頭はあまりみられず，内面の様子は単純だ．また，第二胃粘膜は多角形の網目模様を示す（図 3-10）．この多角形を第二胃小室とよんでいる．まるで蜂の巣だ．これこそ，第二胃が"蜂巣胃"という別名をもつ所以である．蜂の巣の模様は第一胃，食道に近づくと不規則になり，しだいに第一胃粘膜に移行する．

　第一胃の乳頭や第二胃の小室など，内面の特徴的な凹凸は，食料を機械的に破砕するためと理解されていた（加藤 1957）．しかし，後述のとおり，微生物による分解・発酵によって産生された揮発性脂肪酸が前胃から直接吸収されることが示唆されている．そのため現在では，内壁の凹凸は，脂肪酸の吸収面積を広げるための構造と解釈されている（Dyce et al. 1987）．

咀嚼と前胃の運動

　さて，第 2 章で歯列の説明をした際には，反芻という言葉をあえて使わずに進めてきた．胃が登場したところで，反芻という言葉の真の意味を確

認しておきたい．国語辞典的な反芻の意味は，"胃からの食物の吐き戻しと臼歯による破砕の繰り返し"である．しかし，そういう食物の物理的消化のことは，反芻という言葉が示す内容のごく一部でしかない．反芻という言葉は，偶蹄類の生物学では，ルーメンを中心にした極度に特殊化した消化機能の全体を，広くさし示しているのだ．つまり，餌植物の性状をウシがどう変換し，最終的にどのようなかたちで吸収し，代謝産物をどう利用するかといった，生体システムの全体像をさしているのである．本書では，この広い意味で，"反芻"という言葉を理解していくことにする．もちろんはじめには，国語辞典的な狭義の反芻のメカニズムを解説しておかなければならない．その実態は，ルーメン，第二胃，そして咽喉頭の密接な連携運動による，物理的・機械的消化だ．そして話はしだいに物理的消化から，広義の反芻システムに及んでいくことになる．

ルーメンと第二胃は，じつは激しい収縮を繰り返して，胃内容をダイナミックに攪拌している．とりわけ第二胃・第一胃前房・背嚢・腹嚢の順に，リズムをもった収縮を繰り返している（津田 1982; Stevens and Hume 1995）．先にあげた，反芻胃という，第一胃と第二胃を機能的複合体として想定するよび名が，合理性をもつことが明らかだろう．収縮は中枢神経で制御されるのはもちろんだが，胃壁と内容物との接触で刺激情報が受容され，随時コントロールされている．

いわゆる吐き戻しは，胃の運動と咽喉頭の運動が協調してはじめて可能になる．吐き戻しが始まると，まず，ルーメン内では，第一胃前房に食物を集める収縮が起こる．つぎに，気道が起こす吸い込みの陰圧で，食塊は食道に引き込まれ，最後に逆向きの蠕動運動が加わって口まで運ばれるのだ．大切なことは吐き戻しの際に，軟らかく細断された食塊は，口に戻らず，噴門部で右下へ向かって，第二胃へ落ちていくことである．この食塊の選別のために，噴門付近が特異的な運動をしていることが推測されるが，それを明確に示すデータはない．第二胃の開口部が，受動的な食物の落下にとって適した位置に待ち構えていることが推察される．第一胃内容では，再咀嚼を受けた食塊の上に，新しく食べた植物の塊が積み重なっていく．つぎは上に蓄積された食塊が，再咀嚼のために吐き戻されていく．この繰り返しで，植物塊はしだいに細かく粉砕されていく（Florentin 1952）．

章のはじめに，学生実習でみる，ルーメンからのメタンガスの放出についてふれた．後でくわしく話題にするが，ルーメンは微生物活性を使う高性能の発酵槽である．ここには，炭水化物やタンパク質の分解により生じた，メタン，水素，二酸化炭素が，常時大量に発生している．当然，生きているウシにとって，ルーメン内のガス量の調節は死活問題である．第一胃の収縮は，食物の吐き戻しだけでなく，ガス放出のためにも必須なのである．ガス放出のために，収縮は腹嚢から背嚢に広がり，一般に胃内腔の後方を押しつぶしてから，前方へ進む．第一胃内のガスは噴門部へ押しやられ，食道へ吸い込まれて，蠕動で口まで押し出される．ガスを待ち受ける咽頭や食道の筋群は順次弛緩し，ガスを鼻腔へ追い出していく．第一胃内のガス圧は，第一胃・第二胃壁に分布する圧力・張力受容器を刺激し，迷走神経の求心路を伝わって，延髄の反射中枢に伝達されている．この延髄性のガス放出反射が，いわゆる"おくび反射"だ．

右腹の"カーテン"

われわれのウシの胃をめぐる旅は，このあたりで，本格的に腹腔の右側へ回り込むことにしよう．すなわち，第三胃に進入する．

第三胃は"重弁胃"なる別名をもつ．右側腹腔の，真横からみれば第八から第十二肋骨の領域に広がっている（図3-11）．第二胃の右後方を占めると考えればよいだろう（図3-7）．もし右から肋間筋を除去し横隔膜を破り，胸腔から肝臓を避けながら第三胃をみれば，これはかなりめだつ存在だろう．しかし，第三胃の後ろは，後述する腸管の収納場所になっているから，みた目ほど体積のある袋ではない（図3-11）．なお，周囲は肝臓が取り囲んでいる．

第三胃の形状は，左右につぶされたように扁平で，右後方に長いくぼみ，すなわち大弯を，反対側に小弯をもつ．ただし，どうやら第三胃全体の方向性は，消化中のウシの腹腔内ではかなり変化に富んでいるらしい（Dyce et al. 1987）．第三胃はもっとも腹側で第四胃に接続している．この内腔の結合部を第三・四胃口とよぶが，生きているウシでここがどういう形状の孔なのか，昔から明確になっていない．一応は，長円形，馬蹄形，卵形の間隙と表現されることがある（加藤 1957; Dyce et al. 1987）．いず

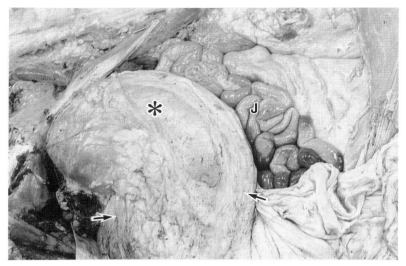

図 3-11 左腹壁から，ルーメンまでを切除
みえてきたのは小網（矢印）に覆われた第三胃（アステリスク）である．後ろには空回腸（J）が収納されている．もはや腹腔の右側を観察していることになる．

図 3-12 第三胃葉
大きな襞がカーテンのように発達する．食物を脱水する装置としてのみごとな構造だ．
（協力：日本大学生物資源科学部・木村順平助教授）

れにしても，生きているウシの第三胃の形態は，思いのほかデータを欠いている．多くの読者はお気づきだろうが，大型獣は，CT スキャンや MRI どころか，ただの X 線撮影すら，普通の機材では困難なのだ．いきおい，生きた状態の内臓のかたちと動きは，なかなか人々の目にさらされる機会がないのである．

　第三胃の内側には，約 100 枚の縦長の第三胃葉が発達する（図 3-12）．垂直に伸びる襞の列は，まるで"カーテン"のように広がっている．第三胃葉の上皮は多数の円錐形の乳頭を形成している．葉間のくぼみ（葉間陥凹）の食塊はさらに細分，脱水され，乳頭の運動によってつぎつぎと送り出されていく．こうして食物は攪拌され続け，ついには第四胃へ向かう．一方で，大弯部には第三胃溝が生じている．これは離乳前には第三胃管をつくる．第一・二胃溝で述べたのと同様の，食道から第四胃へ直結する母乳の通路となる．離乳前には，第三胃も無用の長物だ．

　第三胃の収縮は二相性とされる．まず第三胃管から葉間陥凹へ消化物を押し込む．食物の脱水を繰り返しながら，つぎのフェーズでは，第三胃全体が収縮する．収縮しながら葉間陥凹にたまった消化物から水分を絞り出すのだ．やはり，かつては葉の表面が，消化物を粉砕するといわれてきたが（加藤 1957），これは誤りらしい．第三胃の葉の主要な役割は，明らかに脱水と吸収である．

　さて，第三胃の側面のほとんどは"網"で覆われている．胸腔から第三胃へアプローチすると，じつは胃壁よりも網の広がりがみえてくる（図 3-11）．これはかなり丈夫で発達した網で，裏側がみえてこないほどの厚みをもつ．これこそ小網といわれる胃の保定装置だ．腹腔内の網構造については，また後でふれよう．

最後の袋──第四胃

　これまでで，ウシの胃が，胃という言葉から連想されるものとは桁違いに大きな，そして巧妙なシステムを構成していることがおわかりいただけたと思う．ここでついに，最後の袋，第四胃についてまとめることにしよう．

　第四胃は腹腔のもっとも地面に近い部分に軽くねじ曲がって存在する．

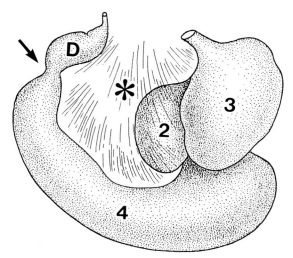

図 3-13 第四胃（4）を図 3-6 とほぼ同じ面からみる．細長い梨のようなかたちだ．吊っているのが小網（アステリスク）．この角度からは，第三胃（3）がよくみえる．第二胃（2）は左寄りに位置する．矢印は幽門，D は十二指腸．

細長い梨状の袋である（図 3-6，図 3-7，図 3-13）．ちょうど第三胃の下を後ろから取り込むような袋である．左頭側では腹壁に接触しているが，大部分は，第一胃前房・第一胃腹嚢と第二胃の間におさまる．実際には，第一胃前房・第一胃腹嚢，第二胃との間には，筋束が発達して，第四胃を一応は固定している．しかし，この固定がウシにとってあてにならないという話は，後の章でふれよう．

　前述したように，かつては第四胃だけが発生学的に真の胃だとされる時代が続いた．第一胃から第三胃までの粘膜が重層扁平上皮であるのに，第四胃だけが胃腺を備えていることがその根拠だった（神立・須藤 1985）．その説の延長線上で，第四胃は，真の胃と対比されて，いくつかの部分に分けて考えられることが多い．たとえば，胃腺の発達する胃底部をそれ以外の胃体部から区別することが行われ，遠位部で肉眼解剖学的にくびれる部分を幽門部と名づけている（加藤 1957）．しかし，実際は，第四胃に関するかぎり，この区別に重要な意味があるとは思われない．第三・四胃口

の位置とかたちが不明確で，胃盲嚢を区別するべきかどうかも決められないといえよう．けっきょくのところ大切なのは，この袋が，単胃の遠位部に類似していることと，ウシの胃で唯一，胃腺を発達させているという2点である．第四胃は，遠位の幽門部はほとんど横行する感じで，腹腔右側へ向かい，第三胃下部の後方で急激に背側へ上りながら，十二指腸に開口する（図3-6，図3-13）．第四胃は，一般的な印象より，かなり前方にまで広がっているといえよう．

　第四胃内腔は，第一胃から第三胃までの粗っぽい緑色・褐色の粘膜とは対照的で，ピンク色のみずみずしい表面を示す．内腔全体を粘液が覆っているのだ．粘膜には，いわゆる第四胃ヒダが非常によく発達する．この襞は第三・四胃口周囲から生じ，胃底と胃体の壁をジグザグに走行し，たがいに接近しながら終わる．密生した襞は，いわゆる第四胃帆をかたちづくり，第三胃への消化物の逆流を防止する"栓"として機能するといわれている（Dyce et al. 1987）．しかし，その確かな根拠はみあたらない．第四胃壁は，これまでみてきた第一胃から第三胃の壁と比べれば，はるかに薄っぺらである．というより，第四胃はこのサイズの動物の胃壁としては標準的な強度だろう．むしろ，ルーメンから第三胃までが，あまりにも厚く発達した胃壁をもっているというほうが正確である．筋層は縦走と輪走からなる．縦走筋層は，いわゆる胃底部と胃体部に広がるが，幽門部でもっとも丈夫な筋層を形成する．輪走筋の線維も幽門部での発達が顕著で，両筋層とも，十二指腸との間の内容物交流の調節に寄与していることは確かだ（Lauwers et al. 1979）．

　第四胃自体には，前胃のような激しい運動はみられないとされている（Dyce et al. 1987）．第四胃は強力な蠕動をしているが，ルーメンや第二胃が運動したとき，第四胃がもとの位置を保ちながら消化物を腸管へ送り込もうとする，多分に受動的な運動だと解釈してよいだろう．実際，第四胃壁の収縮をコントロールする要因は，第四胃および十二指腸の内容物の量と性状であるらしい（Bell and Holbrooke 1979; 津田 1982）．

　筋束によってルーメンと第二胃に保定されていることは，第四胃にとっては，前胃の運動の影響を直接受けてしまうという，大きな問題点でもある．第四胃は，第一胃と第二胃が収縮すると，それに引きずられて，まっ

たく異なる方向に向かってしまうのだ．ましてや妊娠が第四胃の位置に影響する非常に大きな要因であることは推測に難くない．この第四胃の位置の変化が，ウシ個体にとってときには致命的にすらなることから，これは家畜管理にとって無視できない問題である（Stevens *et al.* 1960; Sack 1968; Svendsen 1970; Verschooten *et al.* 1970; Hekmati and Hedjazi 1972; Bouisset and Daviaud 1980; Habel and Smith 1981)．このことは後の章でくわしくふれよう．

片腕のハンモック

どんなに優れた消化器官も，腹腔から吊ることができなければ，進化の産物としては失格である．消化管は，体壁から伸びる膜，いわゆる間膜によって，ハンモック状に背中側から吊られている．脊椎動物はどれも，それ以外の方法で，消化管を固定することはできない進化的運命にある．これまで記してきたように，あまりにも特殊な適応的進化を遂げたウシの胃は，どのように腹腔内に吊られているのだろうか．ある意味で，胃をつくりかえることよりも困難な，ハンモックによる胃の保持について，ここでみておくことにしよう．

胃を吊り下げるハンモックの主役は，大網と小網である．大網は，まず近位部で食道を腹壁背側から吊り下げる．そのまま言葉にすれば，背側食道間膜である．大網は第一胃全体に付着しながら，第一胃の大半の領域を覆うのである（図3-14)．大網は噴門直後の部分だけは，第一胃に付着していない．ここでは，大網は右縦溝に密着し，そのまま後ろへ走行を続ける．

じつは，この先の大網の空間内分布を探るには，私の経験では，そのためだけに腹腔が無傷のウシを解剖しないかぎり困難である．私はやむをえず，小型のヤギなどで，解剖の基本手技を習得するよう努めた．それくらい，大型獣の体腔の立体構造とは，解剖学者の好奇心の対象としては，不足ない相手なのだ．

さて，背側から右縦溝に密着した大網は，そのまま縦溝に沿って尾側へ伸展する．つまり背嚢と腹嚢の間でルーメンに接続しながら，骨盤方向へ伸びていく．この部分は，右側からアプローチすると空回腸付近の深い位

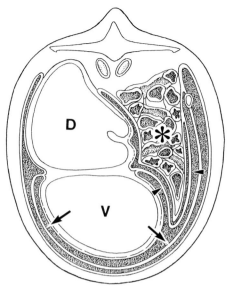

図 3-14 "片腕のハンモック"の模式図
後方からみた腹腔の横断面．大網の浅壁（矢印）と深壁（矢頭）がルーメン（背嚢が D，腹嚢が V）を懸垂し，間隙には腸管群（アステリスク）が抱え込まれている．

置に存在するので，大網の深壁とよばれる（図 3-14）．一方で，右腹側に沿って走るのが浅壁とよばれ，こちらは胃の正中腹側を越えて，からだの左側へ回り込み，左縦溝に密着する．浅壁は第一胃前房の側面に接続し，そのまま右腹側へ回転，第二胃をすっぽり包む．腹側では，第四胃胃体部に付着部をもつ．第四胃では，大網は幽門部へ向かい，そのまま十二指腸表面に続く．

　一方，小網は，肝臓の腹側面に付着を開始し，肝臓を含む主として胃の右側を覆うハンモックである．小網は肝臓から広がって，そのまま第三胃を完全に包み込んでしまう．第三胃が体壁右側からすぐにみえないくらい，小網に守られていることは，第三胃の項でも述べた（図 3-11）．小網は，第三胃側面にしっかりと密着し，第三胃溝部分で強固に接着している．小網は，腹側で大網に接近し，第四胃壁に密着，十二指腸起始部へ進んでいく（図 3-13）．

けっきょく，第一胃を中心に胃の大半を大網が吊り下げているが，右側前方では，小網がよく発達するわけだ．右側だけから網を伸ばしながら，胃を左右の縦溝部で吊り下げる．自作の比喩だが，"片腕のハンモック"という表現が，大網の構造の理解を助けてくれるだろう．これら間膜の発生学的記載については，成書にくわしく書かれているので，参照してほしい（江口 1985; Sadler 1985; Carlso 1988）．

　また，脂肪の塊こそ，大網・小網の正体といってよいだろう．もちろん結合組織からなる膜に豊富な細血管が分布を広げるものが膜の骨組みであるが，実際にはごく初期から，ここには分厚い脂肪層が蓄積する．脂肪がここを好む積極的理由は明確ではないが，胃の支持体であると同時に，栄養貯蔵器官としても無視できない働きをしているようだ．

胃を養い動かすシステム

　ここまでは，特化した胃とそれを懸垂する装置としての"網"にふれた．最後は，胃を養い動かすシステムについて記述しよう．これは，たとえば解剖学実習では，ときにたんなる記憶事項だとして教育されるので，学生からは厄介扱いを受ける部分である．しかし，解剖学教育は学生にかたちを覚えさせる遊戯ではない．かたちをもつものの生きざまを考える学問である．ここでは，神経や血管が胃のどこに接続していくかをみていくことにしよう．この本のレベルでは，神経と血管の記載を通じて，巨大な胃のどの部分がとりわけ機能的であるかを，きわめておおざっぱではあるが，類推することをめざそう．

　胃に分布する主要な副交感神経は，迷走神経に連なる神経幹から伸びてくる．背側迷走神経幹をみると，第一胃壁，第二胃溝領域，第二・三胃口，第三胃壁，第四胃壁へ分枝を送る．腹側迷走神経幹は，第二胃溝領域と第二・三胃口を含む第一胃前房壁と第二胃壁，そして第三胃と第四胃の右側壁に分布する．単独で幽門部に達する枝もある．これをみても，胃の各空所の境界領域における壁収縮を制御することが，ウシの胃のコントロールにとって，もっとも重要な課題であることが，容易にみてとれる．とりわけ，数カ所でふれた離乳前のミルクのルートが確保される，噴門部から第三・四胃口にかけての筋層の制御には，かなり念入りな自律神経性の制御

が，及んでいるものと考える必要があるだろう（Habel 1956; Frewein 1963）．

　第四胃への分枝は比較的シンプルに思われるが，先にふれたように，第四胃の運動制御は，第三胃までとかなりちがっている．第四胃は，つねに第一胃と第二胃の大きな運動に引きずられて，自分の位置を保つのに懸命である．さらに，十二指腸に内容物を送り込む際には，内容物の情報を，おそらく内因性に，壁そのものに返していることが示唆される（津田 1982; Dyce et al. 1987）．実際，神経幹の遮断などで，第四胃の，前胃とは独立した運動制御が確認されてきた．

　胃に血液を運ぶのは，腹腔動脈の分枝である（加藤 1961; Schnorr and Vollmerhaus 1968; Sack 1972）．腹腔動脈の枝を順次追ってみよう．この仕事は，口でいうよりかなり困難な解剖になる．読者にも，ルーメンを外しながら，ウシの腹腔に顔を突っ込んで，実際に血管群を追う経験を積まれることを，期待しよう．

　さて，右第一胃動脈は右縦溝を後方へ走り，そのまま回転して左側の溝へと続く．これこそ，第一胃壁のほとんど全域に血液を供給している血管である．反対側の左第一胃動脈は，第一胃前房と第二胃に血液を供給するため，第一胃前房と第一胃腹嚢の間を走りながら，右第一胃動脈と吻合するにいたる．第二胃は本幹からの分枝，第二胃動脈を通じて血液を受ける．サイズ的にはけっして大きくない第二胃だが，その表面に走る第二胃動脈は，左側からはもっともよくめだつ血管といってよい．第三胃は左胃動脈から，第四胃は左胃大網動脈から血液を受ける．いずれも腹腔動脈の分枝であることにまちがいはないが，胃壁への栄養血管の分枝バリエーションに関しては，豊富なデータは残されていない．

　ウシの胃では，静脈系は，動脈とともに走行している．肉眼でみた経験からは，左第一胃静脈がほかの系統に比べてよく発達している．右胃静脈は，おもに脾臓の静脈ととらえることができる．

　解剖中にめだつのがリンパ節の分布である．ウシ，それから反芻獣の場合に，なぜ胃にリンパ節がよく発達するのか，理由を明確に示すことはできない．常時外界から植物が投入され，大きな代謝能力を要求される臓器であるから，免疫システムの発達が必要なのかもしれない．リンパ系のル

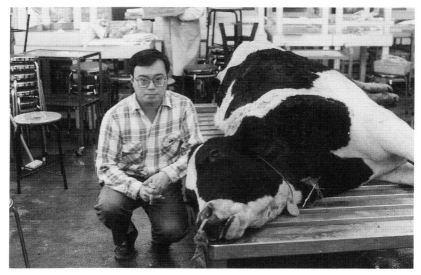

図3-15 死体との闘いから，動物学のデータは得られる．ホルスタインの解剖体の横にいるのが私だ．胃について知りうることの多くは，こうした解剖体を地道に調べることで，明らかにされてきた．

ートをみるのに，リンパ節から注射器で墨汁を注入してトレースすることがよく行われるが，ここでもかなり有効な方法だろう．墨の流れを追うと，多数のリンパ節が，第一胃縦溝と第三胃の湾曲部に分布していることが明らかになる．前胃からのリンパ管は，これらの末梢のリンパ節を通った後，噴門近くの前第一胃リンパ節に送られ，内臓リンパ本幹から乳糜槽へ入る．第四胃に存在するリンパ節は，肝リンパ節へ接続している．

子ウシの胃

ウシの胃をめぐるわれわれの旅は，まもなく折り返し点にさしかかる．かたちをみる最後の機会として，子ウシの胃にスポットをあてておこう．

第1章に立ち返れば，ウシたちの繁栄の一因は，子ウシを合理的に守る方法を進化させることであった．また，これまでいくつかの項目で，離乳前のウシの胃が，胃壁や神経系の巧妙な工夫により，成獣とまったく異なるかたちを示すことを少しずつ語ってきた．つまり，離乳前後の胃におけ

るかたちと機能の激変は，ウシたちの成功を支える，大きな鍵だったということができる（Grossman 1949）．

　分娩直後の反芻獣の第四胃は，母親にもらうミルクを消化するべく，すでに準備が整っている．大きさでは，ほかの3つの袋の合計体積よりもはるかに優位を占めるといわれている（Lambert 1948; Dyce *et al.* 1987）．第四胃は，前方では横隔膜に接するように，すなわち真横からみれば胸腔の腹側領域を占めながら，骨盤にまで達するほどのサイズを誇る．この時期に用をなさない第一胃から第三胃を，完全に背側へ追いやるだけの容積をもっている．事実上，第四胃が腹腔内でまとまったスペースを譲り渡すのは，空回腸くらいのものである．空回腸は，成獣時には大きなルーメンに押されて腹腔右側におさまるが，まだこの段階では左側も占領している．新生子の第四胃は，左の背側に関しては，空間を奪うことはないようである．まだ小さい肝臓は，第四胃にしっかり抱え込まれている．この時期の肝臓は，第四胃がその重量の大半を負担しているようだ．

　第四胃の粘膜は分娩直後には，まだ完全な状態に仕上がっていない．この隙に，子ウシは，母ウシからいわゆる初乳を提供される．初乳とは，先にふれたように分娩後わずかな期間だけ生成される，抗体を含んだミルクである．新生子の未熟な第四胃粘膜が，抗体の吸収を促進していることが示唆される（Dyce *et al.* 1987）．

　大きな第四胃によって背側に押しやられた第一胃と第二胃の体積は非常に小さく，データによっては全胃容積の30％とされる（津田 1982）．ルーメンの成長が生後に極度に速まることはまちがいないが，第一胃も第二胃も，すでにかなり大きな胃壁を折りたたみながら，コンパクトに収容されているというほうが正しいだろう．先述のように，子ウシの折りたたまれた第一胃，第二胃，第三胃壁には，溝から管状構造がつくられ，噴門と第四胃の間のバイパスを形成する．生後しばらくの間，第四胃は消化器官の主役で，レンニン（カイモシン）が豊富に分泌され，母乳を消化するのである（Amasaki *et al.* 1990）．

　子ウシは生まれて3週間もすると，親の食む飼料にひかれるようになる．それ以降，4つの胃が親と同等のマクロ的プロポーションを確立するのに，およそ9週が必要だとされる（津田 1982）．第三胃は約4週齢で第四胃よ

り大きくなり，8週齢で第四胃の2倍以上の大きさになるとされる（Dyce et al. 1987）．第一胃・第二胃が成長し，胃全体のプロポーションが確立されても，からだの成長とともに胃の発達は当然続くので，最初の1年間くらいは，ルーメンの大型化は続くはずである（Dyce et al. 1987）．離乳後の前胃の機能形態学的発達が，粗飼料の供与に影響されているという議論は多い（Tamate et al. 1962; 津田 1982）．また，ウシの胃で生後に著しく変化するのは，サイズだけではない．とりわけ激しい変化をみせる前胃粘膜の発達は，多くの形態学者の興味を集めてきている（Tamate et al. 1971; Arias et al. 1978, 1980; Warner 1979; Amasaki and Daigo 1988）．子ウシにおける第一胃内壁乳頭の発達は，植物組織の代謝の結果生じる揮発性脂肪酸によって促進されるという報告があり，餌の変化に対応した合理的な生後発達であるといえよう（Brownlee 1956; Cheetam and Steven 1966; Tamate et al. 1971; Lauwers et al. 1975; McGavin and Morril 1976; Dellmann 1993）．

一方，新生ウシで消化の主役にある第四胃は，第一胃・第二胃が12週目までに形態を整えてくると，しだいにあまり運動をしなくなってくる．このころから，ミルクが第四胃を拡張させるケースは日に日に減り，代わって植物飼料がルーメンで発酵を待つ時間が長くなってくる．第四胃は，以降，個体が生涯を終えるまで，あくまでも胃の中では脇役であり続ける．

3.2 微生物を食べる動物

もう1つの生態系

ウシの胃が，いかに巨大で異様な姿を示すかについて，ここまでくわしく語ってきた．それは，哺乳類のもち物としては，あまりにも特殊な，異常ともいえる形態を誇っている．

しかし，かたちだけがかくも特殊に発展したわけではない．ウシの胃は，地球上の植物資源を最大限に活用し，草地の覇権を握ることを可能ならしめる，極限まで洗練された消化システムである．しかもそのシステムのもう一方の主役は，胃内に暮らす微生物たちなのだ．彼らは，けっしてウシ

の胃のたんなる居候ではない．微生物たちとウシの胃は，およそ共生関係とよべるもののなかでも，もっともいきついた双利関係の実態を，われわれにみせてくれるのだ．この後は，ウシの胃と微生物が織り成す，いわば"もう1つの生態系"のなかを旅することにしよう．

　第一胃・第二胃内には微生物が多数共生している．微生物の主体は，細菌と原生動物（原虫）だ．医学を背景にもつ微生物学では，ふつう原生動物は対象に含まれないが，純粋な生物学に踏み込むルーメンの議論では，原生動物も微生物としてまとめている．これらの微生物は，まずはウシから栄養を供給される．ウシが好んで食べる植物は，じつはウシの栄養源ではない．ウシが採食した炭水化物の塊は，ウシが消化する直接のターゲットではないのである．それどころか，ウシにとって植物体は，自分の力で，すなわち自ら合成する消化酵素では分解することの不可能な，本来はゴミ同然の食物なのである．喜んで食塊に跳びつくのは，ウシではなくて，共生微生物，とくに細菌群である．食塊に加えて微生物群は，ウシから水・唾液などの生きるために不可欠なさまざまな物を供給される．そのうえ，胃壁の収縮運動，胃壁を通しての物質移動によって，ウシは，微生物群が生きるのに心地よい環境を，共生微生物のために用意するのである．

　ルーメン内に外界よりはるかに快適な環境を得た微生物は，生きるために当然の代謝活動を開始する．反芻胃内での微生物による物質の同化・異化作用は，"発酵"とよばれている（神立・須藤1985）．狭い意味で使われる細菌の発酵作用とは異質で，より広い意味をもつことはいうまでもない．"もう1つの生態系"の実態は，巨大な発酵タンクととらえることができる．

細菌たちのキャスティング

　ここで，反芻胃内の生態系を築く，微生物たちの顔ぶれをみておかなくてはならない．基本的に第一胃と第二胃の微生物相は共通している．ここでは，発酵槽の主役として第一胃の微生物たちをみていくが，それは第二胃でも類似すると考えてよい．

　まずは，細菌から話を始めよう．

　第一胃内に存在する細菌の種類はあまりにも多様である．簡易にその属

を列挙するだけで、*Streptococcus, Ruminococcus, Lactobacillus, Propionibacterium, Eubacterium, Bifidobacterium, Methanomicrobium, Clostridium, Desulfotomaculum, Bacteroides, Desulfovibrio, Butyrivibrio, Succinivibrio, Succinimonas, Lachnospira, Selenomonas, Anaerovibrio, Vibrio, Treponema, Cellulomonas, Methanobrevibacter* くらいは、あげておかなくてはならない．

もちろん細菌叢は、食物の内容や、採食後の経過時間、そして宿主たるウシの生理学的状態によっても変化する（神立・須藤 1985）．細菌の総数は、第一胃内容物 1 g あたり 10^9–10^{11} という数字がみられるが（津田 1982），おおざっぱな目安としてしか、とらえることはできないだろう．これら第一胃内に分布する細菌の、個々の性状を網羅することは、本書の目的を逸脱してしまう．その点は、ルーメン菌叢を扱った成書（津田 1982; 神立・須藤 1985）をご覧いただきたい．ここでは、これらの菌群がトータルとして生態系のどこを占め、それが宿主の生命にどうかかわっているのかを、みることにしよう．

まず、ルーメン内の発酵に関与する細菌は、ほとんどが嫌気性菌、あるいは通性嫌気性菌である．第一胃内環境は、酸素を欠く嫌気的条件なのだ．そして、植物繊維を口に入れるウシからみれば、当然、セルロース利用能力のある菌種との共生が必須である．一方で、実際のところは、セルロース分解能力を示す菌種はけっして多くはない．

典型的な例では、*Ruminococcus* や *Bacteroides* のなかに、セルロースを利用してエネルギーを獲得し、可溶性炭水化物を生成する種が存在する（神立・須藤 1985）．ウシが食んでは、つぎからつぎへとルーメンに積んでいく植物繊維の塊は、これらセルロース分解菌によって、まず炭水化物の水解産物にかたちを変える．この産物は、今度はセルロース分解菌だけでなく、セルロース非分解性の細菌群にとっても、格好の栄養源になるのだ．セルロースの束は、宿主たるウシのみならず、多くのルーメン内細菌にとっても、無用の長物なのだ．ルーメンによるセルロース分解菌の"培養"は、この問題を解決するもっとも有効な手段で、その結果生じる可溶性炭水化物は、もはやあらゆる細菌に引く手あまたの、エネルギーの塊なのである．セルロース分解菌と非分解菌の生態系内での役割分担がいかに

合目的的かは，複数菌種の体外培養実験で明らかになっている（Scheifinger and Wolin 1973）．

セルロースを例にあげたが，デンプンについても利用できる菌種とできない菌種は明確である．植物というあまりにも粗雑で利用しにくい食物を，最終的には単純な糖に変換するために，"もう1つの生態系"はその分解能力を遺憾なく発揮してみせるのである．それぞれに分解能力を分担された菌群の複合体は，およそ地球上の植物体ならば，なんでも代謝してみせるのだ．各細菌のエネルギー源の利用範囲が広いことも確かだが（津田 1982），炭水化物の代謝ルートを分担する細菌のサブグループが複合して，相補い合い，理想的な発酵タンクを運転していると結論することができる．

けっきょく，ウシの食物に含まれる炭水化物，すなわち，セルロース，デンプン，ヘミセルロースなどは第一胃・第二胃内で，微生物代謝によってすべて分解・発酵される．もちろん，もともと餌に含まれる可溶性糖類が，ウシならびに菌叢にとって，くみしやすい相手であることはいうまでもない．これら炭水化物群の発酵生成物としては，揮発性脂肪酸といくつかのガスがあげられる．コハク酸，酢酸，酪酸，プロピオン酸，乳酸，メタン，二酸化炭素などがおもなものだ．ウシが草をルーメンに送っているかぎり，揮発性脂肪酸を大量に含む，哺乳類にとってもっとも利用しやすいエネルギー源が無尽蔵に湧いてくることになる．生成される揮発性脂肪酸の割合は，モル％で，酢酸 60-70%，プロピオン酸 15-20%，酪酸 10-15% などと記載されている（津田 1982）．もちろん，食べた餌によってこの値は直接変動するであろうから，あくまでも目安にすぎない．

タンパク質，ルーメン，そして唾液

炭水化物についてばかり述べてきたが，ルーメンのシステムは，タンパク質の消化にとってもきわめて効果的な適応を示す．

ウシの食べた粗雑な植物は，当然莫大なタンパク源でもある．第一胃では，タンパク質あるいは非タンパク態窒素化合物が微生物群により分解される．窒素代謝の前半で行われる微生物群の最初の機能は，タンパク質をペプチド，アミノ酸，そしてアンモニアに分解することである．水溶性の高いタンパク質は容易に分解され，逆に水溶性の低いタンパク質は一般に

利用するのがむずかしい．その結果，アンモニアの生成量は，食塊中のタンパク質の水溶性の程度に依存すると考えられる（津田1982）．細菌群によるタンパク質からの代謝産物には，窒素化合物のほか，揮発性脂肪酸が無視できないほど含まれている．揮発性脂肪酸が，第一胃内生態系にとって，とりあえずめざすべき栄養の宝庫であることは，あらためて指摘するまでもない．

　発酵槽を利用しての代謝の結果，食物中のタンパク質から，ペプチドやアミノ酸，アンモニアが大量に生成される．これらは第1に，ルーメン内細菌の菌体タンパク質として再合成される．この菌体こそが，ウシの直接のタンパク源にほかならない．植物の魂から得られるタンパク質を一度細菌群に引き渡し，菌体という利用しやすいタンパク質につくりかえさせ，それをウシが摂取するのが，ルーメンの窒素代謝の基本戦略である．

　この過程で，第一胃内に大量のアンモニアが発生することは想像に難くない．多くの動物にとってアンモニアは，窒素源でありながら有害な厄介物である．しかし，反芻胃は，唾液というマジックを使って，このジレンマをみごとに解決してみせる．以下に唾液・微生物・ルーメン間の巧妙な"取り引き"をみることにしよう．

　細菌類によって産生されたアンモニアは，第一胃内にたまる．まずこれは，アンモニアを窒素源として利用できる細菌類によって，菌体として再合成される．しかし，余剰するアンモニアは，本来，ウシにとって猛毒である．余ったアンモニアは，第一胃壁から血中に吸収される．ウシで特筆すべき点は，この後のアンモニアの動態である．血中のアンモニアは肝臓と腎臓へ運ばれ，そこで尿素に合成される．この尿素のおもな行き先は，こともあろう唾液腺だ（図3-16）．

　ウシを牧場でみれば必ず気づくとおり，その唾液は，分泌量が著しく多く，たえまなく流出している．もちろん，反芻獣でなくても唾液の分泌は不可欠だが，ウシの唾液量は桁違いである．成牛で1日およそ100–190 lというデータも示されている（Hungate 1966）．このおびただしい量の唾液は，第1には経口的に流入してルーメンの水分を維持するという働きがある．同時に，発酵でたえず生じる揮発性脂肪酸によるルーメン内の酸性化を緩衝し，微生物に好適な発酵環境を維持している．しかし，その隠

された役割は，pH調節などより，はるかに劇的だ．

　唾液腺に集められた尿素は，この大量の唾液とともにルーメンへ再び送り込まれるのだ．尿素のかたちで唾液腺を通過してルーメンへ送り込まれる窒素の量は，1日10gを超えるというデータもある（Phillipson 1964）．本来せいぜい尿として捨てるしかないはずの窒素代謝産物を，まったく逆の発想で自分の胃に何度も循環させるのである．第一胃内では，唾液腺から得られた尿素に細菌類が跳びつく．第一胃内細菌は強いウレアーゼ活性を有するので，尿素は容易にアンモニアと二酸化炭素に分解する．こうして，ゴミ同然の余剰アンモニアを，再度菌体の材料として細菌に提供．ウシの胃はその細菌を"食べる"のである．

　ウシは窒素分を極限までむだにしない．ルーメン内に飼い育てている細

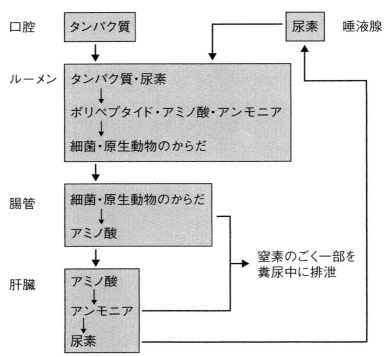

図3-16　ウシの胃をめぐる窒素の動き
　唾液を動員し，アンモニアすらできるかぎりむだにしない，合理的システムだ．

菌に窒素源を供与し，見返りにもっとも都合のよいかたちで窒素を手にしているのである．当然このシステムならば，単胃動物では別個に摂取を必要とする必須アミノ酸すら，細菌群に合成させることで，容易に獲得することができることになる．

原生動物たちのキャステイング

第一胃内には，細菌群に加えて，バラエティーに富んだ原生動物（原虫）が生活している．その数，第一胃内容1gあたり10^5から10^6（津田 1982）．その多くは繊毛虫である．

ルーメン繊毛虫の大半は，オフリオスコレックス科に属するグループと，イソトリカ科に属するグループの，2群に大別される（図3-17, 図3-18, 図3-19; Levine et al. 1980）．ほかにブレファロコリス科，ブチリア科なども生息しているが，ここではふれない．オフリオスコレックス類はからだの前部にのみ繊毛が存在するが，イソトリカ類は全身が繊毛で覆われている．大きさは20-30μm×10-20μm程度の小さなものから150-250μm×100-200μmほどの大きなものまである（神立・須藤1985）．2科のうち，ルーメンの進化と適応を考えるうえで，明らかに重要なのは前者だ．この科はまさしく，反芻胃とともに分化，適応，放散を遂げたことが明らかで，形態学的にも生態学的にも，さまざまな反芻動物を宿主としながら十分に多様化している（Dogiel 1927; Latteur 1966; Corliss 1979; Imai 1985, 1986, 1988, 1998; Imai et al. 1989, 1992, 1993, 1995; Imai and Rung 1990; Williams and Coleman 1991; Ito et al. 1993, 1994, 1995; Selim et al. 1996）．これに対し，イソトリカ科の繊毛虫では，豊かな進化の足跡をたどることは困難である（神立・須藤1985）．しかし，分類学の進歩とともに，イソトリカ科全体の，宿主と不可分の進化史が今後明らかにされていくことだろう．

第一胃内繊毛虫は，細菌同様，嫌気性である．単細胞動物であるから，細胞質を凹型にへこませて，粒子から液体までルーメン内容物をどんどん取り込んでいく．胃内に同居する細菌が生成した炭水化物から多糖類を合成し，一方それらを代謝して酢酸，酪酸，乳酸，二酸化炭素，水素などを生成する．さらにはタンパク質を分解し，ペプチド，アミノ酸，アンモニ

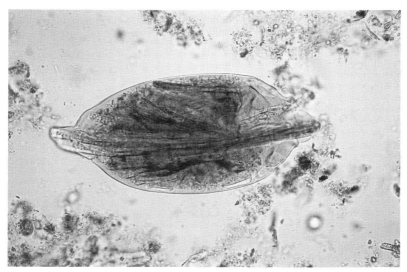

図 3-17 オフリオスコレックス科繊毛虫の形態（1）
Diplodinium bubalidis． 宿主はウシ．長手方向で 200 μm．（撮影：日本獣医畜産大学・今井壮一教授）

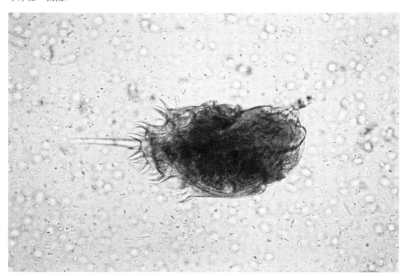

図 3-18 オフリオスコレックス科繊毛虫の形態（2）
Ophryoscolex caudatus． 宿主はウシ．長手方向で 160 μm．（撮影：日本獣医畜産大学・今井壮一教授）

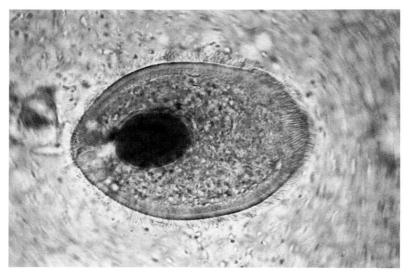

図 3-19 イソトリカ科繊毛虫の形態
Isotricha jalaludinii. 宿主はジャワマメジカ.長手方向で 110μm, (撮影:日本獣医畜産大学・今井壮一教授)

アを生成する.アンモニアは前述の如くウシに都合のよい流れに乗り,アミノ酸は虫体タンパク質,つまり繊毛虫のからだに再合成される.代謝経路の多様性は,細菌群に比べて限定されるだろうが,細菌群とともに第一胃発酵槽の主役を担っているのである.しかも,重要なのは,繊毛虫は細菌の捕食者であることだ.繊毛虫は,細菌のからだを主たる窒素源として利用している.そして当然,細菌群同様,繊毛虫自身も,ウシの直接の食物なのである.

なお生まれたばかりの子ウシの胃には,細菌も原生動物も定着していない.母乳に養われながら,親ウシとの接触により,あるいは環境中から経口摂取することにより,離乳開始時には,十分なルーメン生態系が確立されるのである (神立・須藤 1985).

利用困難な植物繊維の塊を,微生物群を使って代謝し,その微生物を養い育て,最後にはその微生物を自らの栄養源とする.ウシの反芻胃は,無から有を産み出す,自然淘汰の最高傑作である.神が生きものを産み出そうが,人間がロボットを設計しようが,これほど巧妙で,大胆なシステム

はけっしてつくられることはないだろう．

ルーメンと脂肪・ビタミン

　炭水化物と窒素化合物の微生物相による代謝において，ウシの胃は並外れた能力を誇る．一方，ウシはそのほかの栄養も口にする．また，大事な微生物群の維持のために，細かい工夫もなされているのである．

　植物体中のトリグリセライドは第一胃内微生物の作用により，加水分解されてグリセロールと脂肪酸になる．リン脂質も同様である．第一胃内で脂肪酸に生じる主たる変化は，不飽和脂肪酸が水素添加を受けて飽和脂肪酸になることである．単胃動物では体脂肪の 36% 以内が飽和脂肪酸であるが，反芻動物では 55-62% に達するというデータがある（津田 1982）．

　第一胃内の細菌はビタミンB群や，ビタミンKを合成，けっきょくは宿主のウシに提供することになる．したがって，ウシではこれらのビタミンの欠乏症を生ずることはない．共生システムとしてのルーメンは，ビタミンまでみずから産み出してしまうのだ．しかし，ビタミンAやビタミンDは菌叢から得ることができず，ウシとしても外界から摂取するほかない．

　第一胃内に発生するガスは，主として二酸化炭素と，最初に話題にしたメタンである．前者は炭水化物の発酵，アミノ酸の代謝の過程などで生成される．後者は二酸化炭素の還元，またはギ酸からつくられる（津田 1982）．これらのガスを適切に口から排出するために，胃がどのような運動を行うかは，すでにふれた．

第三胃と第四胃の役割

　われわれは，第一胃・第二胃において，多様な微生物群とその宿主ウシが奏でる巧妙なハーモニーに耳を傾けてきた．これからは地味な第三胃と，いわば"普通の消化器官"たる第四胃の機能に，ふれることにしよう．

　洗濯機にたとえれば，第三胃は脱水装置である．内腔の大きなカーテンが運動し，微生物代謝のすんだ食塊から水と水溶性の内容物を絞り出す．そのまま第三胃壁からは，水，揮発性脂肪酸，無機物（Na^+, K^+, Cl^-）などがどんどん吸収される．それでも，第三胃から第四胃に流れ込む水分

量はかなり多い（津田 1982）．

　第四胃は既述のように，胃酸分泌を行う普通の胃である．水を大量に含む食塊の残りに対しては，もちろん第三胃に引き続いて，水分や無機イオンの吸収を行う．しかし，もっとも重要なのは反芻胃で育まれた微生物体の処理である．第四胃の胃酸とタンパク質分解酵素は，ルーメンから送られてくる微生物を確実に死滅させ，消化のターゲットとする．胃液分泌を行う第四胃は，宿主本来の哺乳類的消化機能のスタート地点なのだ．

　このあたりで，ウシの胃をめぐる旅をひとまず終えることにしよう．この旅は，ウシの"美しすぎるアイデンティティー"を追う道のりだったように思う．ウシとは，みずからの存在をかくも静かに主張する動物なのだ．一見なんの変哲もないそのからだのなかに，究極のメカニズムを所狭しと抱え込んでいるのだから．

3.3 胃から腸管へ

小腸のつくり

　ウシのからだを紹介するべく筆を執る人間は，とりあえず胃について語っただけで，エネルギーが枯渇するという心配すらある．それほどこの動物の胃は，驚異の念をよび起こす構造だ．しかし，類希な発酵槽をいくらもち上げても，その尾側に，ウシがからだの20倍にも及ぶ長さの腸管をもつことを（加藤 1957），無視するわけにはいかないだろう．あまりにも派手なルーメンに隠れてはいるが，それに負けず劣らず発達する腸管を，くわしくみていくこととしたい．

　ウシの左腹腔はルーメンのためにあるようなものである．したがって，腸管のほとんどの部分は，正中より右側の空間に詰め込まれている（図3-8）．成牛の腸の長さは静置して50 mに達するといわれる（Dyce et al. 1987）．しかし，太く膨れる部分はあまりなく，全長にわたって細い管の連続である．腸管は全域が腸間膜内におさめられているから，腹腔に収納されている状態で観察した後，脂肪と間膜をていねいに剝離しながらじっくり追跡しないと，その全体像を把握することはむずかしい（図3-20）．

小腸は，近位から，十二指腸，空腸，回腸と続く．十二指腸は右側腹壁近くのかなり腹側で，第四胃から起始する．ちょうど肝臓面に向かってほぼ垂直に昇りながら，特徴的なS字ワナをかたちづくっている（図3-6）．ワナを終えると，十二指腸第一曲といって，尾側へ90度転向し，骨盤に向かう．骨盤腔に到達するあたりで，鋭角的に頭側へ折り返し（十二指腸第二曲），ちょうど第一胃背嚢の裏をしばらく前方へ走る（図3-6）．ルーメンの反対側は，空腸の間膜が発達しているので，十二指腸の後半は，ルーメンと空腸にはさまれた領域を少しだけ走行することになる．十二指腸の起始部近くは，前述の小網で肝臓と結ばれ，また，走路のかなりの部分は大網の浅壁に吊られている．
　つぎに，十二指腸は，らせん状に激しく蛇行する空腸に続く．空腸は，腹腔から取り出して広げれば一見簡単な走行を示すが，解剖時に外部から腹腔をのぞき込んでも，その走行をトレースするのは困難だ．空腸の続きは，遠位部を回腸として区別しているが，実際には肉眼的に一切区別がつかないといってよく，一括して空回腸とよんでいる．空回腸は，成牛なら40mに達するとされ（加藤1957），大腸の大部分とともに大きな腸間膜

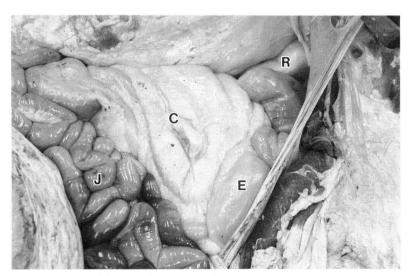

図3-20 ルーメンを摘出し，左側よりみた腹腔内の臓器
空回腸（J），円盤結腸（C），盲腸（E），そして直腸（R）が並ぶ．

に埋め込まれて収容されている．そして全体は，ルーメンと片腕のハンモック——大網——の間に，しっかりとおさまっているのだ．大網はルーメンを吊るだけでなく，腸管群も保定していることになる．空回腸は，突然，浅い角度で盲結腸に開口して終わる．ここが回盲結腸口である（図3-6）．

大腸のつくり

盲腸は長さで75 cmとされ（加藤1957），扁平状である．大網とルーメンの隙間から骨盤寄りへ大きくはみ出しているので，左側からルーメンを摘出する解剖では，よく目に入る（図3-20）．

回盲結腸口からみて，盲腸とは反対側に広がる空所が，結腸の起始である．はじめはたんなる太めの袋にすぎないが，すぐに径を減らして，きわめて特徴的な走行を開始する．まずは結腸の一部を指先につまんでいる状態から，仮想解剖を進めよう．

結腸は盲腸を離れたところで扁平なワナ（結腸近位ワナ）をつくり，腹側へ曲がる．そのまま，疎性結合組織の塊と腸間膜にがっちり固められた，いわゆる円盤状結腸を構成していくのだ．まず腹側へ落ち始めた結腸は，およそ2回の求心スパイラル回転をみせ，円盤の中心に達したところで逆転，今度は2回の遠心スパイラルを示す．求心回と遠心回を行って，結腸円盤をつくっているのである（図3-6，図3-20）．遠心回から戻った結腸は，骨盤付近で結腸遠位ワナをつくり，横行部分へ移行，正中を横切って，腹腔の少し右側から直腸へ向かう．そして直腸に入る前に，S字状の小さな蛇行を描く．最後は骨盤腔内で，きわめて単純に広がる直腸につながり肛門へと開口する．この周囲では，腸管は間膜とともに厚い脂肪で覆われ，実際の解剖では，硬い脂肪層から腸管壁を掘り出していく手技を求められるはずだ．

腸のほとんどは前腸間膜動脈，すなわち大動脈の分枝からしっかりと血液を供給される．ただし，十二指腸前部は腹腔動脈，結腸遠位は後腸間膜動脈に血液を供与されている（加藤1961）．腸の静脈血は前腸間膜静脈，後腸間膜静脈，脾静脈を介して集められ，当然，栄養分を肝臓に直行させる肝門脈につながる．ルーメンが発酵槽として発達するのも，結腸が複雑に蛇行するのも，すべてはこの腸管からの栄養輸送ルートを，個体が必要

とする物質で満たすためである．また，非常に多数のリンパ節が腸間膜に分布し，巨大なリンパ節の鎖を形成する．この鎖は長さ1mにもなるとされる（Dyce *et al*. 1987）．腸間膜リンパ節からの輸出リンパ管は乳糜槽に集まり，ついには静脈系へとつながるのである．

腸の内腔の形態と吸収機能

　ウシは，地上に生える粗雑な植物繊維を，ルーメンで消化可能な微生物体につくり変え，すでに胃のレベルでもかなりの物質吸収を終えている．しかし，とりわけ第四胃で死滅した微生物体を消化酵素と物理的破砕により分解し，栄養素として血中に取り込む作業は，腸管が担っている．膵液，胆汁および腸液中の酵素による消化作用はいまさらふれるまでもないだろう．さらに盲腸，結腸，直腸では，腸内フローラによる代謝が行われるが，これもくわしく語るには及ばないだろう．物理的消化については，ウシの腸管でも分節，振子，蠕動運動がみられ，とりわけ，空回腸，結腸で，効率的に消化が営まれていることは確かだ．

　ウシの腸管の場合，空回腸の長さと円盤結腸の独特の走行が注目を集めるが，この形態学的特徴とウシの腸管の消化機能をあえて特異的に結びつける要素は，みあたらない．膵管，胆管の位置を考えても，酵素による消化は小腸上部で行われると考えなければならず（津田1982），けっきょく，走行の特殊性は，吸収領域の拡大という解釈しかとりえないだろう．なぜ，ウシの腸管が肉眼解剖学的に独自の走行を示すかは，だれも説得力のある示唆を与えてくれていないのだ．だれもが見出す単純な疑問に解剖学がいまだに答えられない，典型的な例である．

　小腸の粘膜は襞を形成し，その表面には絨毛が密生している．そして，さらにその表面からは無数の微絨毛が突出している．これで小腸粘膜の吸収面積は著しく広がっている．当然，絨毛の内部は毛細血管とリンパ管がネットワークをなし（Dellman 1993），吸収されてくる物質を待っている．炭水化物，脂質，タンパク質がそれぞれ適した状態に分解され，腸壁を通過することは，あえて本書でふれなおすべき内容ではない．下部消化管における水，無機質，ビタミンの吸収についても，反芻獣という切り口からあえて加えるべきことはないだろう．

第4章 家畜としての今昔
ウシの生涯

4.1 品種——ウシたちの生きざま

心のエネルギー

家畜ウシの生きざまは，800種ともいわれるバラエティーに富んだ世界中の品種たちによって彩られている（正田 1987a, 1987b）．品種を議論せずして，ウシの全体像を語ることは，けっして不可能だ．だが同時に，品種を論じるとき，その生物学的記述は，数多ある手法の1つにすぎないと，私は確信している．

「ウシを育む社会を理解すること」

それこそが，品種を把握するために，なによりも必要なことである．社会を理解することは，しばしば，ウシを飼う人間の気持ちを探ることにほかならない．こういう学問手法は，近代生物学よりも，民俗学，地理学，文化人類学，政治学などと共通の本質に根ざしている．分析力と同じくらい，比較・総合の力量を要求される領域なのだ．はばからず強調しておきたい．品種学とは，まさしくそういう学問なのである．

はびこる誤りに，家畜化や品種の議論は，謎に包まれたその品種の客観的系統樹を描けばそれで解決されるという考え方がある．いきおいそれは，形態学が劣っていて，分子遺伝学が優れているという単純な図式にすら拡張される．形態学者も自分の役割を忘れて，系統樹の正しさを主張することだけに没頭するからだ．だが，品種学は近縁のウシをみつけだすゲームではない．系統樹を知り，どのウシがどのウシと近縁かを決めるだけなら，遺伝学で十分仕事は終わるだろう．しかし，その作業は，品種学のほんの入口にすぎないのだ．

本章前半では，私の絵筆で，社会と人間を背景に，ウシの品種のバラエ

図 4-1 アンコール
巨大な角を誇る，アフリカ南部の家畜ウシだ．人間にこんなウシをつくらせた「心のエネルギー」こそ，品種学が探るべき謎だ．パリの動物園で飼育中の個体．

ティーを，キャンバスにとどめていくことを試みたい．変異に富んだ品種の生きざまを，しかるべき風景のなかで認識しないことには，家畜ウシの理解はありえないのだ．しばらくの間，"ウシたちの肖像画"パート2を楽しんでみたい．この肖像画のアイデンティティーは，個々の肖像のもつ生物学的センスに支えられている．同時に肖像は，肖像の背景にあるカーテンや窓や街や野原を描くことなしには，けっして完成されないのだ．その背景こそ，ウシを取り巻く個人と社会の「心のエネルギー」である．ウシを知るためには，ウシの飼い主とウシの利用者の「心のエネルギー」を知らなくてはならない．キャンバスには，生きているウシのありさまとともに，その背景でウシをつくった人間の，「心のエネルギー」を描き込ま

なければならない（図4-1）．

　よくある書物では，品種記載の最初に，ホルスタインを登場させる．多少気を遣った出版物でも，和牛から出発する程度だ．クラシックなチーズの箱や肉屋のお歳暮の包装紙に描かれるこれらの品種が，現代のウシ畜産を代表するウシたちであることに疑問を投げかけるつもりはない．しかし，これらの品種には大きな落とし穴がある．最高度の畜産技術水準をもって最大限に能力を発揮するこのウシたちは，究極の反芻獣にさらに人間の手が加わった，家畜のいきつく果てを表現してみせている．もとい，いきついた果てしかみせてくれていないのだ．それが，本書のめざす家畜ウシの理解を妨げるのである．家畜ウシのすばらしさは，ホルスタインのような，オーロックスからみれば，桁違いに人間の役に立つ集団を産み出したことだけに集約されるわけではない．ここでは，品種がこの世に存するほんとうの理由，すなわち，ウシを飼いウシを利用する人々の「心のエネルギー」こそが，語られなければならない．そのために以降の紙面に開く個展は，私の選んだウシたちのキャンバスを，私の思うままに並べることから，始めたいと思う．

ゼブー世界

　ホルスタイン，ジャージー，ショートホーン，アバディーン・アンガス….われわれになじみの深い多くのウシたちは，俗に「ヨーロッパ系」とよばれる品種である．一方で，インド牛，すなわち元来はインドを中心に育種の進んだ，肩にこぶのあるウシを，「ゼブー」とよぶ．日本人にとっては，まずはテレビか書物でしかお目にかかれない相手である．

　ゼブーとは，一品種をさす名ではない．おおざっぱでも20以上の品種に分かれるこぶウシの，すべてをさし示す総称である．ここから先，読者には，ゼブーという総称がさし示すインド牛の肖像画を，ヨーロッパ系家畜ウシの画から明確に切り離して鑑賞していただこう．ゼブーの生きる世界＝「ゼブー世界」は，こぶウシと人間が織りなす，"もう1つの地球"なのだ．

　まず第1に，ゼブーを多数飼育する開発途上国では，品種ごとの育種管理が成立していないこともめずらしくない．ウシの人為的な繁殖コントロ

ールについては，第1章やつぎの章の内容だが，ゼブーにおいては，とかく交配の管理が不完全で，品種間の交雑がごく普通に行われてしまっているのだ．事実，品種としてはなにとなにがかけ合わされたのかわからないゼブー個体が，アジア開発途上国の隅々にまで広がっている．畜産技術的発展からはけっして望ましいことではないにしても，こういう事実からして，ゼブーという総称は非常に便利な言葉である．

　また，ゼブーの繁栄している地域は，短く見積もっても過去2000年間は，複雑な宗教的・政治的・経済的・軍事的背景を有している．ヒンズー教徒にとって，人間の生まれ変わりである神聖なウシを肉として食べることは考えられないことだろう．彼らにとっては，有能な肉用品種も，乳の出の悪い乳用集団として認識されるはずだ．そういう品種が，キリスト教世界では，重要な肉用品種の起源になることはごく普通のことである．また，市場経済ならはるか昔に淘汰されたであろう役用牛が，共産圏で生き続けた例は数知れない．ましてや，実際にたびたび起こっていることだが，開発途上国で全国が焦土と化すような紛争のとき，そこに生きるゼブーの運命は，高生産性のセオリーでコントロールされうるものでは，けっしてない．

　ゼブー世界は，ゼブーの使い途を，科学的合理性にもとづいて引き出すほど，西欧的でもないし，安定もしていないのである．民族・政治・宗教・文化，そして個人の道徳が，ゼブーの家畜としての使命を決定している．インド牛にとって，育種の動機も，できた品種の運命も，家畜ウシの生物学的特質以外の要素に，多分に左右されているといわざるをえない(Rouse 1970, 1973; Payne and Hodges 1997)．

ゼブーの起源

　さて，ゼブーのシンボルの肩のこぶは，脂肪と筋肉の塊である．バンテンやガウルが椎骨の棘突起を伸ばしてこぶ状の盛り上がりをつくっているのとはまったく異なる．こぶは胎子期にはすでに成長を開始しているが，それでも生まれてまもないゼブーの子ウシは，けっして大きなこぶをもつわけではない．こぶの増大は生後の成長に大きく依存しているのである(図4-2)．なお，気をつけなければならないことは，肩にこぶがあっても，

図 4-2 ラオスのゼブー
若い雄で，こぶはまだ大きく発達していない．

必ずしもゼブーとはかぎらない点である．ゼブーとヨーロッパ系の品種の単純な交雑集団でも，こぶは生じる．こういう品種は，言葉の正確な使い方としては，ゼブーとよぶべきではない．

　そのほか，ゼブーは特徴的な胸部をもつ．大きく皮膚が垂れ下がり，いわゆる胸垂(きょうすい)をかたちづくるのだ．外貌にしても頭蓋にしても，ゼブーとヨーロッパ系のプロポーションはあまりにも異なっている（ズーナー 1983; Hemmer 1990）．これらの形態にどんな機能的意義があるのかは，まだ確立された議論がない．低緯度地域の激しい日射熱射への適応とも考えられるが，それを証明する明確な検討結果はない．品種学が今後もっとも解き明かさねばならないターゲットは，品種ごとの遺伝学的類縁関係はもちろんのことだが，育種の結果生じたキャラクターの機能形態学的意義なのではないかと，私は思う．この点では，育種学も品種学も，大きな課題を今日まで残している．

　さて，ゼブーとヨーロッパ系の家畜ウシの二大系統が，家畜化初期を迎

第 4 章　家畜としての今昔

えたオーロックスから，それぞれどのように育種されたのか，あまりにもその道筋がわからない．事実，ゼブーがヨーロッパ系家畜ウシとは大きく隔たった起源をもつと考える説は，めずらしくはなかった（ズーナー 1983; 今泉 1988）．その根底には，「オーロックスとは別種の野生ウシがかつて存在し，それがヨーロッパ系とは独立してゼブーの起源となった」という考え方がある．しかし，それを支持するのに絶対必要な，ゼブーだけの起源となる別の野生種の存在は，化石や骨格として発見・証明されない．そのため，唯一の原種オーロックスからの家畜ウシの成立以後に，ヨーロッパ系とゼブーの形態学的差異が生じたという主張が，説得力をもってきた（Herre 1958; Hawks 1963）．

一方で，遺伝学者たちが興味深いデータを蓄積している．彼らの結論は，「ゼブーとヨーロッパ系の分岐時期は，考古学的に妥当とされるヨーロッパ系家畜ウシの家畜化の年代より古い」というものである．つまりは，ゼブーの家畜化とヨーロッパ系の家畜化は，別々に独立して起こったということになる（Loftus *et al.* 1994a, 1994b; Kikkawa *et al.* 1995; Bradley *et al.* 1996; Machugh *et al.* 1997）．これは，古典的な別種起源説（ズーナー 1983）と相通じるが，みつからない化石・遺跡出土骨証拠を議論するよりも，家畜化以前に，オーロックスに幅広い種内変異が生じ，その部分部分を切り取って，人類がゼブーとヨーロッパ系を別個に家畜として成立させた，と考えることで無理なく理解されるだろう．

この話を科学的に進めるうえで，最大の障害をすっきりと整理しよう．議論を妨げる壁は，オーロックスの地理的変異を記録しないうちに，人間がオーロックスを滅ぼしてしまったことである．ウシの家畜化が複数回，異所的に起こることは十分ありうる．しかし，その具体的な歴史をトレースできるだけの原種の変異を，われわれはいまでも把握していないのだ．洪積世の化石を含む，発掘された遺残体からの DNA の抽出分析という事例が発表されてはいるが（Bailey *et al.* 1996），形態であれ遺伝子であれ，今後，オーロックスの種内変異を化石や遺跡骨から徹底的にまとめあげないかぎり，ゼブーの起源を有効に議論することはけっしてできない．

さらにいえば，かりにゼブーの起源が，"化石"→"形態・遺伝子"→"系統樹"という定例的な図式で語られても，すでにふれたように，その成果

は当初こそ意味があるかもしれないが，家畜品種学・育種学がめざす「心のエネルギー」の理解にはほど遠い．滅んでしまった原種がどのような生物学的適応形質を備えていたかを追い求めないことには，オーロックスを掌中におさめていく人々の「心のエネルギー」には，まったくアプローチできないのだ．

けっきょく，ゼブーの単純な位置づけに関しては，だれでも思いつく，以下の2つの説に帰着せざるをえない（Hemmer 1990）．

①ゼブーは，西アジアからインドにかけての地域に分布した，ヨーロッパ系とは形態学的に明確に分離される，オーロックスの別の地域集団から家畜化された．
②ゼブーは，西アジア地域において，ヨーロッパ系を産み出したのと同じ形態学的特徴をもつオーロックス集団から育種され，家畜化の過程で現在の形態を示すようになった．

つまり，不明な点は，いまみられるゼブーとヨーロッパ系の形態学的変異がいつどのように生じたか，ということだ．現在の知見では，われわれは，①と②のどちらが事実なのか，選択することができない．ましてやその過程に働いた「心のエネルギー」は，まったく未知の闇に閉ざされている．

ゼブーたちの肖像

ゼブーの肖像の背景には，いつも暑さと病気が控えている．ゼブーの遺伝形質として，耐暑性，抗熱帯病性がつねに注目を浴びてきたのだ（正田 1987a）．しかし，これらがウシにとってめずらしい形質だとは，私は感じない．第1章でふれたように，北ユーラシアに進出はしたものの，そもそものオーロックスはけっして寒冷地に適応した動物ではない．耐暑性，抗熱帯病性のような形質は，家畜ウシのどこかに当然受け継がれていてもよいはずである．

ゼブー世界に，生産性に優れたヨーロッパ系品種を導入しようという試みは，だれでも思いつくことである．牛乳を利用するヒンズー教徒に，た

図 4-3 ゼブーの代表——ブラーマン

とえばホルスタインは一見すばらしい贈り物だろう．しかし，ホルスタインは，インド亜大陸を席捲するには，生物学的に脆弱すぎる集団だ．インド牛がのんびり昼寝を楽しむ農村で，ホルスタインは，能力を発揮できないうちに，ちょっとした感染症で全滅するだろう．彼らの能力を引き出すだけの自然環境と畜産業基盤が，そして文化的背景がそろわないのである．それほどまでにゼブーの生きる社会は，ヨーロッパ系品種の世界に対して，人間の力では埋め難い相違を有しているのだ．地球上のおよそ半分の地域は，生物学的にも，人文社会科学的にも，ゼブーしか生きていけない地域といってよいだろう．そういう地域の乳牛をホルスタインで置き換えるのは，たとえていえば，インド文化からヒンズー教を，アラブ社会からイスラム教を一掃するのと同じくらい，非現実的なことなのである．

　ゼブーの抗病性・強健性に着目した育種の力作が，ブラーマンである（図 4-3）．1854 年以降 70 年もかけて米国でつくりあげられた，ゼブー由来の肉用種である．実際には，米国で群飼育されていたショートホーンと交配され，肉用種としての特長が引き出されている．その意味で，純粋なゼブーとは一線を画するが，もっとも成功したゼブーの一品種として扱わ

図 4-4 タイの田舎町の朝市
街の中央広場を屋台が埋め尽くす．店の小さな屋根の下では，ウシやブタの内臓がさかんに売られている．

れている．カンクレージ，オンゴール，ギル，クリシュナバレー，ハリアナ，バグナリ…．ブラーマン成立のために交配されたインド牛は，きわめて多岐に及ぶ．毛色にも一般的な銀灰色から明るい褐色まで，幅広い変異がみられる．いまでは新大陸の家畜ウシに広く遺伝学的影響を残すとともに，アジア諸国に"逆輸入"され，抗病性を要求する多くの地域で，もっとも普通の品種となっている．

　なお，肉用種という言葉は，ゼブー世界では，ヨーロッパ系と同列に扱える概念ではない．先に述べたヒンズー教は典型的な例だ．一方で，ゼブー世界では，食用として内臓も血も活かされる．非イスラム教諸国では，経済政策が市場経済だろうが計画経済だろうが，必ず街に朝市が立ち，内臓が大量に並び，その傍らで，血液の塊の入ったスープや粥が，人々の胃袋を満たしている（図4-4）．ヨーロッパ系肉用種の育種は，骨格筋の形質をみて行われているが，ゼブーとともに生きる人々にとって，内臓は筋肉と同等の重要性をもっている．内臓の畜産学的価値が議論されて品種が

第4章　家畜としての今昔

育てられたことは，教科書的にはまったくないといってよい．しかし，ゼブー世界の「心のエネルギー」は，内臓を食べる習慣にも，しっかりと支えられている．

ブラーマンに血を授けたカンクレージは，インド・グラジャート州カッチ湿地周辺をオリジンとしているようだ．そして，今日なおインドと周辺国で，畜力の大半を供給している．私にいわせれば，世界最高水準の役用家畜だ．ゼブー各品種によくみられる銀灰色の体毛をもち，こぶと胸垂の発達もインド牛の典型的な例である．体重は雄で 550 kg に達し，ゼブーとしては最大級といってよい．ヨーロッパ系品種では 1 トンを超えるものが普通なので，ゼブーはふたまわりくらい小さいと考えればよいだろう．カンクレージはそのままブラジルにも導入され，グゼラという南米を代表する役肉用種となっている．この品種が地球の裏でも受け入れられるのは，まさしくゼブーのもつ強健性の賜物である．

ここで現代の役用牛というものに，少しふれておこう．現在，ウシに畜力を頼る地域が，アジア・アフリカ・中南米であることは，読者にも容易に想像されよう．ヨーロッパ系品種もむろん，役用牛として多数使われている．しかし，ゼブーやサンガしか事実上飼えない地域が，そのまま役用牛の天下であることも事実だ．つまり，不用心なほどおおざっぱにいえば，"役用牛とはゼブーである"という図式が成り立っている．この意味で典型的なのが，前述のカンクレージであり，また，ケリガーやハリアナといった，"働くゼブーたち"である．

カンクレージ・グゼラのほかにも，南米にはアジアのゼブーが導入され，そのまま別名をもっている例が多い．ギルは，南米ではジールというよばれ方をする（図 4-5）．白色から赤褐色などさまざまな毛色を示すウシで，牛肉を食べないヒンズー教徒にとっては，もちろんミルクの源泉だ．しかし一転，彼らもひとたび新大陸に渡れば，やはり肉用種としての可能性を追求される．ギルと同じく，ブラーマンの"材料"となったオンゴールは，インドの西，マドラス州を起源とする，比較的大きな灰白色の乳肉用種である．乳量が多いといわれるが，もちろんゼブーのなかでの比較にすぎない．新大陸ではマドラス州の地名をとってネロールとよばれ，やはり肉用としての価値に注目が集まっている．一方，インド・ブラジル種はブラジ

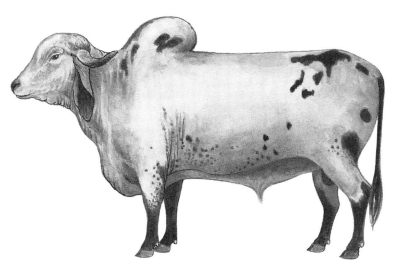

図 4-5 ギル
典型的なゼブーとして,乳にも肉にも重宝がられる.

図 4-6 インド・ブラジル
南米で生まれたゼブーの品種だ.

第 4 章　家畜としての今昔

ルで生まれたゼブーで，カンクレージとギル，それにオンゴールをかけて作出された役肉用種である（図4-6）．

インド周辺地域では，栄養源として牛乳がきわめて重要視される．濃赤色のサヒワールとシンドは，ゼブーではもっとも産乳能力の高い品種とされる．ヨーロッパ系乳用種の総乳量とは比較にならないが，とくにサヒワールは高い乳脂率を示し，注目される品種だ．アフリカで品種として確立されたゼブーもいる．生産性の向上に成功した品種としてはボランがあげられる．ケニアの肉用種として，多少なりとも高い生産性を誇る．

これまでみてきたように，ゼブーは，キャラクター的には，抗病性・強健性を誇る一群のウシであるといえよう．ゼブー世界では，それぞれの品種の用途は，生物学的特質に支えられるとはかぎらない．政治が，経済が，宗教が，そして，それを飼う人々の「心のエネルギー」が，そのとき，その場合に，ゼブーの使い途を決めるのである．

4.2 ミルクと食肉の工場——極限のウシたち

ホルスタインの傘

もはや読者は，私が慣例を破ってまで，ゼブーを肖像画展の入口にもってきた理由がおわかりだろう．これから語るヨーロッパ系の性能の高い乳用種，肉用専用種は，比較的冷涼で乾燥し，十分な飼料と畜産施設を提供できる一部先進国においてのみ，効果的に活躍できるのである．むしろ地球上の多くの地域では，いまだに遺伝資源としてのゼブーが必要不可欠なのだ．さもなくば，役用にスイギュウを，乳肉用にはヤギ・ヒツジを選択するのが，世界的には普通の営みなのである．その事実を知ったうえで，究極の反芻獣の究極の肖像画をご覧いただきたい．

ホルスタイン．正確にはオランダのフリージアンとドイツのホルスタインより由来するいくつかの育種学的経緯をもつ集団．この品種こそ，家畜ウシの最後の姿である（図4-7）．見慣れた白黒もしくは赤白のからだが産み出す年間乳量は，8000 kgから2万 kg．乳脂率 3.8%．泌乳期間 300日以上．確実な乳量の維持．雌の性成熟 8.5 カ月．

図 4-7 究極のウシ——ホルスタイン
先進国でだれもが目にしている白黒のウシだ.

　このデータを前に,ミルクを提供する家畜としては,ほかのすべての種・品種の存在が無意味に思える.ホルスタインに対しては,家畜というより,"もっとも高性能なミルク生産工場"のイメージを私はもつ.
　しかし,すでにゼブーを語ったときに繰り返しふれたが,ホルスタインは,本種を受容する自然環境,畜産施設,社会構造,経済状態,文化的基盤,宗教的背景などがすべて整う地域でこそ,能力を発揮する品種である.いくつかの先進国は,ホルスタインが必要とする条件を完全に満たしている.いわば,"ホルスタインの傘"の下に入っているのだ.じつは,日本は,自然環境という面では,ホルスタインの力を引き出しうるか否かの境界線にある国である.温帯としては高温多湿な環境が,ホルスタインにとっては難敵なのだ.それでも,わが国の乳牛総計約 200 万頭のほぼすべてがホルスタインである.この事実は,本品種がわが国の牛乳生産を 100% 支えている現実と,ほかのアジア地域にもさらに広く導入される可能性を,如実に物語っている.

乳用種たちの肖像

　では,ホルスタインの間隙を縫って生き残るヨーロッパ系乳用種とは,

いったいなんなのだろうか.

およそ20年前，はじめてフランスを訪れた私は，高山に入り込むにつれ，ウシの体色がそろって灰褐色に変わっていくことに，すぐ気がついた．後になって知るこの品種の名こそ，スイス・ブラウン．第1章で語ったチューリッヒ泥炭牛の直接の子孫とされる由緒正しい品種だ（内藤1978）．乳肉役，なんでもこなすこのウシは，19世紀以後，米国で高泌乳量をめざして改良され，ブラウン・スイスという牛乳生産専用の別品種を生み出している（図4-8）．しかし，年間乳量が普通4000から6000 kg程度のこのウシが，寒冷地，しかもキリスト教社会で，なぜ，ホルスタインの傘の下で駆逐されないのか．

スイス・ブラウン，ブラウン・スイスは，ホルスタインほど乳生産能力を引き出せないが，逆に飼育管理を簡略化しても，それなりの泌乳を期待できるのである．しかも傾斜地に順応する四肢を備え，高山の強い紫外線を遮蔽する色素の多い皮膚を獲得している．ヨーロッパの高山でメンテナンスフリーの状況で放牧し，高生産を期待するには，ホルスタインよりはるかに魅力に富んでいるのである．

大陸を離れスコットランドに目を向けよう．ここを原産とし，アジアを除くほとんどの地域に足跡を残しているのが，エアシャーである．褐色で白い模様のこのウシも，乳量はたかだか年間5000 kg．事実，原産地英国では，ホルスタインに追い出されてしまっている．ところが，この品種，泌乳個体の寿命が長く，熱帯病への抵抗性が高い．第1章で扱ったように，個体の寿命など，ホルスタインを最大限に活かしている地域ではなんら注目される形質ではない．しかし，アフリカや中米では，いつまでも丈夫であることと5000 kgの泌乳量を兼ね備えたこのウシは，ゼブーと置き換えられる可能性をもっているのである．いまや，アフリカ東部では，もっとも重要な乳用種かもしれない．

ジャージーの名は，わが国でもときに耳にすることがあろう（図4-9）．いくつかの牧場で，"ジャージー牛乳"として，その特異性を看板に生産されている．淡い褐色のいかにも愛らしいこのウシは，英国のジャージー島原産である．同じ地域のガンジー島のガンジー（ゲルンジー）とともに，よく並列的に論じられる．両品種とも，雌で体重350から450 kg程

図 4-8 ブラウン・スイス
米国で成立した赤褐色の乳用種である．

図 4-9 ジャージー
黄褐色の小柄なウシだが，乳脂率の高さではどの品種も寄せつけない．

度．からだの大きさからも一目瞭然，乳量ではホルスタインの敵ではない．しかし，両品種は最高度の乳脂率を誇るのである．4.7から5.2％という高乳脂率の牛乳は，日本ではともかく，ミルクとともに発展してきた西欧の食習慣においては，今後も重要視されるだろう．

さて，多くの乳用種の改良は，そのまま肉牛としての能力を引き出すことにもつながっている．そもそも大きなからだは牛乳生産に重要であるとともに，そのまま肉が多いことを意味している．また当然，早い成長と性成熟が求められた乳牛は，肉牛としても魅力的だったのだ．後述するように，肉の質となると，けっして乳用種は，肉用専用種に勝るとはいえない．しかし，ここでは消費する側の「心のエネルギー」が問題となってくる．

牛肉食を日々行う社会においては，味のよい肉を求める人々の力が，食文化の発展を支えてきた．そういう社会では，もっとおいしい肉を食べるためにこそ，人々は勤勉に働いている．しかし，そもそも乳牛としての形質を度外視した肉用専用品種の育種・飼養は，それなりの生活水準と高い嗜好性を社会全体が維持したときに，はじめて起きうるのである．

ここでほんの少しだけ，科学性を著しく欠く議論をお許し願いたい．私は白人社会の牛肉食が，アジア人のそれに比べて，肉の味に無頓着なのではないかと，漠然と感じている．食文化論的あるいは栄養学的に，肉質への要求の人種間・文化間差異を深く論じた研究成果は，まだみることができない．しかし，消費の実態がそれを端的に表わすとするならば，おいしい肉へのこだわりは，白人においてはけっして深くないものと推察される．多くの西欧先進国での牛肉への嗜好性は，ほとんどの場合，乳肉兼用品種のレベルで満足されているのかもしれない．これと対照的な実態は，後述するわが国の"霜降り"の構図である．

乳量が多く，肉用としても重宝がられる，いわゆる乳肉兼用種の代表が，ノルマンやシンメンタールである．がっしりした体格のこれらの品種は，日本人にはなじみがないが，ヨーロッパを中心に，"ウシの典型"とよべるほど広まっている．ちなみに前者のミルクは，ヨーロッパの食卓にしばしば欠かせないカマンベールチーズの原料として，確固たる地位を築いている．また，シンメンタールは，抗熱帯病性の形質をもち，アフリカではゼブーとの交配が進められ，品種改良の源泉となっている．まさに「心の

エネルギー」が，いろいろなかたちで品種を支えているのだ．

肉用種たちの肖像

「乳肉兼用」という考え方のなかですでにふれたが，世界中の肉のむしろ大半は，肉用専用品種よりも，他用途との兼用種によって供給されてきたと考えたほうがよいだろう．よほど高度な生活水準の社会でないかぎり，そして食品への嗜好性の高い人々が文化を営んでいないかぎり，肉用専用品種というのは，そもそも成立しない．車を牽かせ，乳を搾って，齢を重ねたら殺して食べるのが，人間とウシとの普通のつき合い方なのである．にもかかわらず，肉用専用として作出されてきた品種たちは，どのような「心のエネルギー」の産物なのだろう．彼らの肖像画においては，主人公より，バックに描き込まれる静物のほうが，はるかにおもしろいとさえいえるだろう．

ショートホーン，ヘレフォード，アバディーン・アンガス．ヨーロッパ系家畜ウシの世界で，肉用種の大半を占めるのが，この3品種である．ショートホーンは，おそらく肉用種として注目された最初の品種だろう（図4-10）．イングランド北東部で，育種家コリンズ家によって作出されたとされている（内藤 1978）．世界的なヨーロッパ系肉用種の多くが，現在の英国を起源とすることは，頭に入れておくべきことである．作物といい，家畜といい，かつての英国は，伝統的育種のもっともさかんな地帯だったといえよう．その後，ショートホーンは，世界各地で肉用種の改良に用いられた．明治期にははじめての西欧品種としてわが国に上陸，その後，和牛・日本短角種に遺伝学的影響を色濃く残している．しかし，後述するヘレフォードが，世界各地でショートホーンと置き換わってきている．

濃褐色に白い顔．アメリカ合衆国のシンボルでもあるヘレフォードは，もともとは18世紀末のイングランドをオリジンとする（図4-11）．ヨーロッパ系家畜ウシの世界では，増体の速い最高性能の肉牛として，おそらくほかのどの肉用品種よりも優勢だろう．米国の肉用種の約半数は，その国の歴史より新しいヘレフォードが占めている．ちなみに，強健性，抗病性，そして低品質飼料の利用能力においても優れていて，南米ではゼブーと置き換えられている地域がある．ホルスタインと並ぶ，ヨーロッパ系ウ

図4-10 ショートホーン
肉用専用種のパイオニア.

図4-11 白い顔がめだつヘレフォード
生産効率において,まちがいなく世界最高の肉用種である.

シの二大巨頭といえる．体重は去勢雄で 1200 kg，雌で 650 kg．大規模で，ある程度粗放的な肉牛生産において，ヘレフォードに勝る品種はまずない．まさしく"食肉の工場"である．

しかし，ホルスタインの傘に入らない乳牛が，「心のエネルギー」によって生き続けるのと同様に，ヘレフォード以外のヨーロッパ系肉用種が厳然と飼われていることも事実だ．

黒褐色の体毛のアバディーン・アンガスは，無角で無愛想な顔面に加え，体幹部はグロテスクにすら感じられるほどの肉づきをみせる（図 4-12）．スコットランド原産だが，いまでは，アフリカ・アジアなどのゼブー世界を除いて，広く飼育されている．ヘレフォードの隙を突く，第 2 の肉用種である．本種がもてはやされるのは，なによりも肉質である．多少味に無頓着な欧米人も，もっとも美味な肉として，アバディーン・アンガスを絶賛している．ヘレフォードより体重ではひとまわり小さい．成長は早くても個体あたりの肉生産量では，ヘレフォードにかなうはずもない．しかし，肉質を求める「心のエネルギー」は，この品種をいつまでも大事にしていくことだろう．ちなみに日本では，大正期に輸入され，無角和種にその血を残している．同様に，肉質では，イングランド産のデボンが有名だ．山陰地方の黒毛和種の改良にも導入された本種は，いまや欧米諸国で，"おいしいウシ"の代名詞である．

特異な形質をよりどころとする品種に，スコットランド産のハイランズと，それから育種されたギャロウェーがある．さまざまな濃さの褐色の体毛をもつ両品種は，ヨーロッパ系肉用品種としてはすこぶる小さい．それでも英国，米国，ロシア，南米諸国に広まっている．肉そのものがけっして優秀ではないにもかかわらず，彼らを広く根づかせるのは，山岳地帯への放牧において，並外れた強健性を示すからである．他品種が増体しない荒れた山地で，満足のいく生産をあげる数少ない集団である．

最後にフランス原産品種のシャロレーとリムーザンをあげておこう．この 2 品種は，欧米人独特の食志向に支えられたウシだ．前者は白色，非常に大型で，肉牛らしい精悍なからだつきを誇る（図 4-13）．なによりの特徴は，脂肪の少ない肉．このことは，肉用牛として今後さらに広まる可能性を示唆している．食品のカロリー減が国民的関心をひく西欧先進国では，

図 4-12 アバディーン・アンガス
肉質のよさを武器に，世界中に広まっている．

図 4-13 シャロレー
優れた肉質を示すフランスの肉用種だ．育種の伝統のあるヨーロッパには，アジア人になじみのない品種が発展している．

低脂肪の肉を産するシャロレーへの注目が大いに高まっているのだ．リムーザンは，フランス料理の子牛肉を思い浮かべればよいかもしれない．雄新生子の肉利用のほか，優れた増体量を利用した短期肥育による出荷で，子牛肉の需要に応えている．

4.3 品種を残す力・捨てる力

オリジナルな品種

ゼブーとヨーロッパ系．家畜ウシの双璧をざっとみたところで，「在来牛」という考え方と，その概念がもっとも必要となる地帯として，アフリカと東南アジアを紹介しておこう．

すでに述べたように，全世界の家畜ウシは原牛に由来し，非常に早い時期に，ゼブーとヨーロッパ系の二大系列が成立していた．もちろん純粋なゼブーや，同じく純粋なヨーロッパ系が，それぞれオリジナルな品種を多数産み出している．一方で，人間・社会・文化の流動に伴って，ゼブーとヨーロッパ系は複雑に混血し，各地で新たな品種を確立していった．こうして，具体的年代でいえば300から400年前まで，世界各地で飼育されていたオリジナルな品種たちを，「在来牛」とよぶのである（野澤 1983）．彼らはまさしく，人々のプリミティブな「心のエネルギー」を，そのまま表現するウシたちであると理解できよう．

ところが，18世紀を迎えるころ，在来牛の時代とは比べものにならないスピードで，世界のウシ品種は変貌を遂げていく．ヨーロッパ社会の近代化と輸送手段の発展に伴って，生産性の高いヨーロッパ系品種が世界各地へ大量に送り出されるようになったのだ．それにより，多くの地域のウシに，ヨーロッパ系の遺伝学的影響が強く定着し始めるのである．何千年も飼われてきたウシたちの末裔，すなわち在来牛たちが，わずか100年程度で，すっかり姿を変え，あるいは消えてしまうことがめずらしくなかったといえる．しばらくの間，消えつつある在来牛たちの肖像を，鑑賞することにしよう．その背景には，品種を司る地域社会と文化の姿を，かいまみることができる．

アフリカの在来牛

　18世紀以前に，アフリカには，「心のエネルギー」を反映した，興味深いウシたちの系譜が確立されていた．これらの地域では，ヨーロッパ系とゼブーが長期間にわたって交配された，バリエーションに富む在来牛が分布していたのだ（Epstein 1956; Osterhoff 1975）．そもそも北アフリカは，古代エジプト以来，家畜化の中心地として機能してきた．すでにヨーロッパ系品種のオリジンが広まっていたアフリカに，およそ2000年ほど前，西アジア経由で由来したゼブーが，大規模に交配させられたものと考えることができる．アフリカで大活躍する，ゼブーとヨーロッパ系品種との交雑集団，いわゆる「サンガ」について，まずふれておこう．

　アンコールというきわめて特徴的なサンガが，ウガンダに確立されている．本章冒頭に掲げたように，側方へ伸びる2m近い角が，なによりも特徴的な在来牛である（図4-1）．周辺部族に育種されてきたことはまちがいがないが，どうやら角の大きさが飼い主の社会的地位を反映しているものらしい（内藤1978）．品種の成立を促す「心のエネルギー」は，家畜としての合理的生産性のみで方向づけられるわけではない．アンコールのようなサンガの生きる世界は，そのことをみごとに表現してくれるのだ．

　ホワイトフラニというサンガも，在来牛を物語る重要な一例である．このウシは，ナイジェリアをはじめ，サハラ砂漠周辺諸国に産する乳肉兼用種だ．いうまでもなく，生産性では，地中海を一歩渡ったヨーロッパのウシ品種とはまったく太刀打ちできない．しかし，北アフリカでは，ホワイトフラニこそ富の象徴なのだ．ホワイトフラニを所有することは，地域社会のステータスシンボルといえよう．似た例は，マダガスカルの在来牛でもみられる．島の現地人の墓には，故人が生前所有していたゼブーに近い在来牛の画が描かれる．これは，墓の主の財の大きさを象徴している（Hemmer 1990）．ウシが牛乳を多く出そうが出すまいが，関係ないのである．品種を繁栄させる力は，品種の自然環境への適応や直接的な経済効率だけにもとづくものではない．品種は，地域社会の習慣や風習や，地域独自の価値観にまで支えられているのである．

　さて，いまこの瞬間にも，アフリカ中央部では，1億頭のウシがトリパ

ノソーマ原虫の感染症，いわゆるナガナ病の危険にさらされている．ほとんどの品種が致死的なこの寄生虫病に対して，人々の「心のエネルギー」は解決策を見出している．品種名ンダーマ（正田1987b; Payne and Hodges 1997）．一見するとジャージーに似た小さくてめだたないこの役肉用種．しかし，ンダーマこそ，優れた抗ナガナ病形質のもち主である．放牧するだけでほかの品種が死に瀕する地帯でも，ンダーマは立派にウシとしての役割を全うする．ンダーマは，ヨーロッパ系の血を強く残す品種だが，抗病性において，ヨーロッパ系とはまったく異質のキャラクターを備えるにいたった，アフリカに特異的な品種である．

そのほか，アフリカでは，ヨーロッパ系の血をはっきりと残すウシとしてクリが，また，ゼブーの形態学的形質を色濃く引きずるアルシが有名だ．このように，変異に富む多くの在来牛品種が，この大陸では息づいてきた．ヨーロッパ系の流入とともに，その多くが失われてきたが，「心のエネルギー」を読み取るフィールドとしては，きわめて魅力的な大陸だ．

東南アジアの在来牛

アフリカ同様，ゼブーとヨーロッパ系のマイグレーションを機会にして，雑多な在来牛を産み出してきたのが，わが国を含む東南アジア地帯である（ズーナー 1983）．中国，朝鮮半島，インドシナ地帯，マレー半島からフィリピン，インドネシアの島嶼にかけて，それぞれ品種名もない在来牛が多数成立してきたと考えてよい（Hayashi *et al.* 1981, 1988, 1992; Nishida *et al.* 1983; 正田1987b）．これらをくわしく分析したデータとしては，わが国の在来家畜研究会による，莫大な業績があげられよう．そのなかからここでは，東南アジア在来牛に独特の，顕著な遺伝学的特徴をあげておきたい．それは，東南アジア在来牛の多くが，ゼブーとヨーロッパ系の混血集団であると同時に，近縁 *Bos* 属の遺伝学的影響をきわめて強く受けている，ということである（並河・天野1974; 並河ほか1976, 1978, 1983, 1986, 1988, 1992; Namikawa 1981; Namikawa *et al.* 1984, 1995; 天野ほか1990, 1998）．これは，長期にわたり血液型と血液タンパク多型を調査し続けた，価値ある成果の集積なのだ．

実際のところ，アジアでは，第1章でふれたように，ウシのほかに，

Bos 属内の，ヤク，バンテン，ガウルの，3種の家畜化が成功，各地で飼養されている．そして彼らとウシが，往々にして交配され，種間雑種を形成しているのだ．できる3組の F_1 は，普通，雌だけが繁殖力をもっている．バンテン（バリウシ），ガウル（ミタン）とウシとの雑種は，それぞれインドネシアやインドでは，役用として，ゼブーに混じって重宝がられている．また，ウシとヤクとの雑種はチベットに分布し，ゾーとよばれる．ゾーの雄はチベットの役畜としては無視できない働きを示す．また，雌は乳用として使われているらしい（内藤 1978）．

こういう地域においては，いわゆる在来牛の成立プロセスに，別種の遺伝子がたえず流入してきたと考えることが，むしろ自然だ．とりわけ，バンテンとガウルの影響は無視できないというのが，これまでの一連の結論だ．育種という営みをアジア地域の「心のエネルギー」で読み取るとき，手近にある別種の遺伝資源をたくみに利用した知恵として，この結論は，素直に受け入れることができる．

図 4-14 黄牛の頭骨
台湾で収集されたもの．（協力：東京大学大学院農学生命科学研究科・林良博教授）

さて，日本の西のはずれには，水平線に台湾を見渡すことのできる小さな島がある．沖縄県与那国島だ．

「この島には，戦争までは，たくさん黄牛(こうぎゅう)がいて，よく働くウシだったこと…」

与那国島で民俗学の資料館を訪れた私は，館を運営する女性から，戦前の島の黄牛について，話を聞く機会を得た．黄牛は，もともと中国を代表する在来牛である（図4-14）．黄牛という名は，スタンダードをもつ確立された品種をさすというより，雑多な集団の総称である．その特筆される形質は，ほかならぬ強健性だ（正田1987b）．黄牛には，用途別の育種はほとんど行われてこなかったと考えられる．とにかく丈夫で，必要に応じて，畜力として，ミルクとして，そして政治と宗教の規制さえクリアされれば，すぐに肉として利用される黄牛の実態は，ウシ家畜化の本来の姿を表わしているのかもしれない．黄牛の，ウシとしての雑多な能力はけっして小さくなく，かつては海南島，台湾から琉球列島に広がって，大切に飼われていた（本橋1939; 蒔田1969）．

そして，アジアの東のはずれには，朝鮮半島と日本がある．いったい，日本在来牛とは，いかなるウシなのだろうか．

日本海の孤島で

博物館の研究者になってまもないころ，日本海に浮かぶ孤島，見島(みしま)を訪れたことがある．山口県，萩の港から2時間の船旅を終えた私を待っていたのは，トビが鳴く集落を2つもつだけの，寂しいが人情にあふれた島であった．外からは釣人と自衛隊員くらいしか訪れないこの島にも，動物学者としては心ひかれるいくつかの相手がいる．その1つが，見島牛だ．農協の人々のたいへん親切な案内を受け，初対面したウシに，私は少なからず驚いてしまった．

あまりにも小さいのである（図4-15，図4-16）．体高120 cm，体重250から300 kg．数字以上に小さくみえるのは，一般の和牛の印象が強いせいかもしれない．黒毛和種並みの温順さはそのままだが，一見して貧弱な後軀は，私にとって大きな衝撃だった．

その時点で頭数は100頭を超えていたが，じつは文化庁の手で天然記

図 4-15 見島牛
海に面した斜面で草を食む．体重わずか 250 kg．後軀が貧弱だ．かつては島内の狭い田を耕す，貴重な役畜だった．

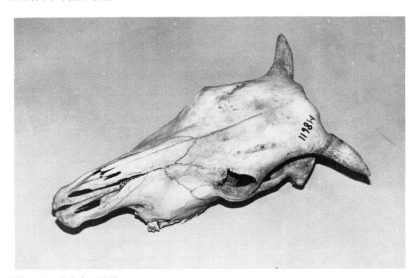

図 4-16 見島牛の頭骨
かつて鳥取大学の本橋平一郎教授が収集し，現在国立科学博物館に収蔵されている．在来牛の歴史を知るうえで，第一級の価値をもつ標本だ．

念物として保護されてきた歴史がある（林田 1967; 加藤 1984; 正田 1987a）．かつては小さな島の水田で役用に使われていたらしい．農村の機械化とともに消える運命にあった見島牛は，危ういところで，保護の手が差しのべられている．事実，優れた肉質はけっして無視できないのである．今日ではときに出荷され，また，天然記念物の補助金を得ることで，苦心の末，純粋集団の維持に成功している．

　見島牛は，これまで，その小さいサイズが，育種学者の興味をひいてきた（本橋 1930; 林田・大塚 1967）．もともと日本列島には，この見島牛や鹿児島県トカラ列島の口之島牛のような，からだの小さい，いわゆる日本在来牛が飼われていたとされている．日本在来牛の歴史学的実態は，それ自体謎をはらむが，ほかのアジア在来牛同様，ゼブーとヨーロッパ系が大陸で交配されたもので，その後，交易により日本列島に根づいたウシたちであると考えられる．とはいえ，この地域の在来牛は，アジアのウシとしては，ヨーロッパ系の血が濃いといわれている（Mochizuki 1927a, 1927b; Yamane and Kato 1936; Phillips 1961; Namikawa 1972, 1981）．

　縄文期に日本でウシが飼われていたとする考え方は明確な根拠をもたないため，本格的にウシ飼育が広まったのは，弥生時代と考えてよかろう（芝田 1955; 正田 1987a）．基本的用途は，まず役用．しかし，肉ももちろん利用されたはずだ．仏教的背景と牛肉食禁忌の関係が語られることはあるが，極東の島国において，ウシの用途を厳格に限定する力がつねに働いたとは思えない．

　そんな在来牛が消え去っていったのは，在来牛の歴史からすれば，一瞬の出来事である．明治維新・開国以降，ブラウン・スイス，デボン，アバディーン・アンガス，シンメンタール，ショートホーンがつぎつぎと導入されてきた．在来牛はまたたくまに，ヨーロッパ系の生産性に優れた品種との交雑で大型化し，役肉用として改良されていった．もはや，役用としても肉用としても，もとから飼われていた小柄な在来牛には，存在価値がなくなった．「心のエネルギー」に見捨てられたのである．おそらく気づいたころには，在来牛は事実上消滅していたのだろう．その血を引きながら完成されていったのが，いわゆる和牛たち．すなわち，黒毛和種，無角和種，褐毛和種，日本短角種である（上坂 1964）．逆に日本在来牛は，孤

島の小集団のようなかたちでしか，生き残らなかった．歴史は，まさしく，在来牛の背景のうえに，和牛たちの肖像を浮かび上がらせているのだ．

さまよえる和牛たち

　和牛の運命は，日本の運命とともにあった．

　和牛は，世界的にみれば，元来マイナーな地方品種である．しかし，明らかにほかの地方品種とは異なる運命を，過去半世紀ほどの間に歩んでいるといえよう．明治以後，役肉用として優れた改良が進められた和牛に，敗戦と戦後復興の荒波が押し寄せるのに，さほど時間はかからなかった．和牛の運命を決定的に変えたのは，戦後日本経済の急激な復興と発展である．農業政策の転換と農作業の近代化が，和牛に寄せられる「心のエネルギー」を，短期間に変質させたのだ．まず，農業現場の機械化が，和牛の役畜としての可能性をゼロにした．そして，「米から肉へ」をめざす農業構造の改革は，昭和30年ごろを境に，和牛を世界一の肉質をもつ肉用専用種へと，追い込んでいったのである．

　現在，日本の肉牛は300万頭弱（農林水産省統計情報部1998）．ほぼすべて和牛である．ちょうど乳牛がホルスタインに事実上統一されたように，肉用種は和牛のみとなった．とりわけ黒毛和種（カバーイラスト参照）が，8割以上を占める．

　米国主導の農産物の貿易自由化は，日本の牛肉生産を根底から破壊するとまで危惧された．実際，廃用ホルスタインの肉を商品価値をなくすまでにいたらしめたかもしれない．しかし，米国とオーストラリアから上陸する輸入肉によって，和牛の価値が直接的に減退したことはほとんどない．

　これも，じつは「心のエネルギー」の所産であろう．当初，流通サイドに輸入肉を排斥しようという恣意的なプロパゲーションがみられたことは事実だ．また，肉屋やスーパーで財布を握りしめる主婦たちに，なんとなく日本産を支持したいという思いがあることも確かだろう．しかし，根底には，日本の畜産家の"心意気"が働いているのではないか，と私は思う．比較的小規模な経営であっても，黒毛和種で最高度の肉を提供しようという，畜産家の「心のエネルギー」が，健全なかたちで食肉嗜好の本質に影響しているというのが，私の見方だ．

"霜降り"は，日本の食卓では，すき焼きにもしゃぶしゃぶにも珍重される．脂肪が入り混じるこの肉は，筋肉の正常な組織所見と比較して，病理的ですらある．しかし，これも「心のエネルギー」のなせる業だ．工業製品にもまったく共通することであるが，極東の無資源国でありながら，商品価値で世界レベルに劣らないモノをつくりだしている．ウシの地方品種が，なみいる優れたヨーロッパ系にも，また，本来アジアに強いはずのゼブーにも駆逐されることなく，独自の地位を確立してきた要因は，紛れもなく，日本列島でウシに対して働き続けた，人々の「心のエネルギー」にほかならない．

マイナー品種の素顔

　品種を育てる力が，それをとりまく人々の「心のエネルギー」であることは再三述べてきた．同時に品種が捨てられるのも「心のエネルギー」の結末である．ここでは，品種としての将来性を興味深く暗示してくれる，いくつかのマイナーな品種の肖像を，背景になる人々の心とともに描いておきたい．

　古今東西家畜種を問わず，温順で扱いやすい集団や個体が選抜されるのは，育種なる営みの必然である．だが，現在ただ1つの例外を示す「心のエネルギー」が存在する．闘牛・ロデオである．これこそまさに，ポルトガル，スペイン，南フランスの民俗の力だ．デ・リディアとカマルグ．いずれも体重300 kg前後のけっして大きくはない品種だが，両者はウシの家畜化の例外をひた走る．この世界では，アグレッシブな性質の個体だけが血を残せるのだ．

　ここで少々，思い切った言葉づかいを許していただこう．デ・リディアとカマルグは，「心のエネルギー」を尺度にもつとき，ホルスタインやヘレフォードよりも，将来性の高い品種かもしれない．彼らは，家畜ウシが，必ずしも畜力や，肉や，ミルクの源泉だけではないことを示している．確かに乱暴な方法ではあるが，人々の楽しみを司る，いわばきわめて強力な「心のエネルギー」を獲得することに，両品種はみごとなまでの成功をおさめているのである．デ・リディアとカマルグを支えるものは"業"としての農業ではなく，人間がなにより欲する"心の潤い"なのだ．これほど

強い存在意義をもつウシは,ほかにはけっしてみられない.アジアや新大陸でも,さまざまな品種が,闘牛の楽しみに使われている.しかし,南西ヨーロッパほど,繁殖集団として徹底した育種はなされてこなかった.

一方,ブリティッシュホワイトとイングリッシュロングホーンは,ほとんど顧みられなくなった英国原産品種だ.前者はバイキングが上陸させ,700年も前に成立していたという古い品種.生産性では見るべき点のない集団といわれているが,品種の絶滅を回避しようという動きから,英国では保護の対象となっている.後者も,とりたてて飼育者を利することのない品種であるためか,保護により生き延びている状況である.この二者ほどではないが,アイルランド産矮小品種デクスター,米国南部から中南米に進出したクリオーロもしだいに姿を消している.後者の場合には,FAO(国連食糧農業機関)が,ゼブーの乳量を上げる交配品種として保存に力を入れてきた経緯がある.

最後に,少々奇妙な集団の肖像をみてみよう.オーロックスである.

「なにをいまさら」と誤植を疑った読者もおられよう.さよう,原牛を飼っている人々がいるという,おかしな話である.もともとはベルリンとミュンヘンの育種家による,長い角,なめらかな黒い皮,大きい体格のウシを交配し,絶滅したオーロックスを,大昔の壁画のように再現しようという試みであった(正田1987a).そして,ハンガリー,英国,ドイツの地方品種を交配し,黒もしくは赤褐色で,太く長い角をもつ集団が,ドイツの動物園に登場している(Hemmer 1990).

私はこの動きに対しては明確な意見をもつ.この"オーロックス"は,たんなる家畜化されたウシの一集団であって,本物のオーロックスではない.原牛は,1627年の記録を最後に絶滅したのである.捨てられていく品種を交配により維持する活動は,いうまでもなく意義深いことだ.それは,品種学や育種学を根底で支えるもっとも重要な仕事だと信じる.しかし,野生絶滅集団を,家畜品種から交配により再現するという事柄は,科学的にありえない.オーロックスは,だれがなんといおうと,科学的には絶滅集団である.生殖細胞の保存と発生工学的手法の駆使による完璧な復元は,今後の絶滅種・絶滅集団の再生においては現実のものとなりつつあるが(石居1993;佐藤1994),オーロックスには絶対にあてはまらない.

絶滅は，あくまでも絶滅である．われわれは，社会人の最低限の常識として，それを理解する必要がある．

4.4 病（やまい）──ウシたちの死にざま

ウシを転がす話

獣医師には，ウシを地面でごろごろ回転させた経験があるはずだ．

私は，獣医学科の牧場臨床実習で，はじめてそれを経験した．体幹にロープをかけたホルスタインを，5，6人の学生で一気に引っ張り，横倒しにする．ふだんはおとなしいホルスタインも，さすがにかなり慌てだす．慌てたホルスタインに，経験のない学生は，振り回されるばかりだ．何度か試しつつ，やっとしかるべき作業が進み出す．とにかくウシを丸ごと回転させるのが，獣医師の大切な仕事の1つなのだ．

第四胃変位．いまのウシの飼養者にとって，そしてウシの獣医師にとって，これほど頭の痛い疾患はないだろう．しかし，おそらくはこんな病気が広まったのは，少なくとも問題化したのは，ヒトとウシとの共存の歴史においては，ごく最近のことにすぎない．われわれは，ウシとのつき合いのなかで，多くの病気を，ウシに起こしてしまったのかもしれない．

生きているウシを扱った品種学に代わり，本章後半は，「ウシの死にざま」と「ウシの生き恥」について語ってみたいと思う．この2つの言葉が表わす内容は，読み進めれば容易に明らかになろうが，両者とも，ウシの今昔を理解するために，ぜひとも必要な本質論である．

ウシがバタバタ死ぬ病

いまから1500年も前のこと，膿のような涙と，血の鼻水を流して，ウシがバタバタ死ぬ病が，ヨーロッパからアジアに蔓延したことが，伝えられている．1740年代には，ヨーロッパで200万頭のウシがこの病気で倒れた．獣医学は，じつはこの恐怖の流行病の撲滅を夢見て開化したといっても過言ではない．近代獣医大学も，国際獣医学会も，当初はこの病気を克服するためにこそ，設立されているのだ（東ほか 1987; 清水ほか

1995).

　リンダーペスト (rinderpest). 牛疫(ぎゅうえき). どうしても最初に話さねばならない病気である. あまりにもシンプルなその病名が, ウシの病気としてのオリジナリティーを暗示する.

　牛疫はパラミクソ・モルビリウイルスを病原体とする感染症である. 発熱, 呼吸器症状から重度の下痢にいたり, 多くの個体は脱水で死ぬ. 全身の臓器が, 出血, 壊死, 潰瘍などに, 激しく冒されるのだ. あまりにも激烈な肉眼所見をみれば, 獣医師も, 微生物学者も, すぐにモルビリウイルスの名を想起するだろう. 常在地では集団が免疫能を獲得しているが, 病原体が処女地に侵入すれば, ほとんどのウシ個体を死滅させる. 罹患した家畜ウシはそのままウイルスをまき散らし, 大流行に発展する.

　先進国は, 厳重な警戒態勢の下, 牛疫の発生を克服しつつある. わが国でも戦前は大陸からの侵入をたびたび受けたが, 70年以上発生を阻止してきている. ともあれ, アフリカ, 西アジア, インドでは, 今日なお, 日常的にこの病気は恐怖の対象である.

　ウシにとってはあまりに悲惨なこの疾病(やまい)を, 私から読者には, 典型的な家畜ウシの病として紹介しておきたい. 原牛からの家畜化, さまざまな利用, バラエティーに富んだ品種の作出…. そういうウシの歴史のなかで, 人間がウシとともにつき合い続けてきたのは, まさしくこのような伝染病なのだ. おそらく野生の偶蹄類・広義のウシたちが病原体の宿主として生き続け, 忘れたころに家畜ウシにもたらされてきたのだろう.

　診断法や治療法の開発で多くの疾病をコントロールする道が開けたことなど, 人間とウシとのつき合いのなかでは, 最近起こった例外的な関係にすぎない.「ウシがバタバタ死ぬ病(やまい)」. それこそ, 人間が永く見届けてきた, 家畜ウシの死にざまなのである.

ウシたちの死にざま

　出血性敗血症. 所見を書いただけのようなこの病気は, 飼い主が気づいたときには, ウシをかたっぱしから殺している流行病である. 病原体は細菌で, グラム陰性桿菌 *Pasteurella multocida*. 近代獣医学発祥以前の明確な記録はないが, 東南アジアからアフリカにかけて, 多くの人々がこの病

気でウシを亡くしてきたにちがいない．死亡までに時間のかかる個体では呼吸困難がみられるらしいが，多くの個体は突然に死亡する．菌は意外にも多くのウシが気道に常在させている．栄養条件が悪化すると一気に発症，敗血症で，ほとんどの個体は助からない（清水ほか 1995）．今日でも，アジア・アフリカ地域では，典型的な，「ウシがバタバタ死ぬ病」である．

　つぎに，細菌によるクラシックな人畜共通伝染病として炭疽をあげておこう．病原体 *Bacillus anthracis* は，ウシとともに，人間にも重い病害を生じる（浅川 1982; 小川ほか 1995）．永く，家畜と人間がともに苦しんできた病なのだ．細菌そのものは芽胞をつくり，土壌中で長期間生存する．汚染された土壌はけっして清浄化できないから，いずれ炭疽はウシにも人間にも発生する．逆にいえば，その理屈を知っている現代人にとっては，伝染病としての流行を防ぐ手だてを準備することができる．しかし，いまの日本でも，非常に小規模とはいえ，思いだしたかのように発生してしまう．ウシの家畜化の永い歴史のなかで，人間の知恵をもってしても，いまだにウシから断ち切れない病だ．発症個体は，あまりにも特徴的で悲惨な，タール状の出血を示し，手の施しようがない（家畜衛生試験場 1968; 東ほか 1987; 清水ほか 1995）．ヒトにも重篤な症状をもたらすことから，炭疽菌そのものは，きわめて早期に研究されてきた．罹患動物からの菌の発見は 1849 年にさかのぼり，パスツールの手による生菌ワクチンの開発は，1880 年代の成果である（清水ほか 1995）．

　マイコプラズマ．細菌と異なる謎の病原体として，19 世紀末に尻尾をつかまれるこの微生物は，ヒトの医学よりもウシの獣医学の力で，解明されてきた相手である．その主役は，牛肺疫．病原体は *Mycoplasma mycoides*. これはまさしく，「ウシがバタバタ死ぬ病」の典型例である．多少なりとも科学性をもった記録としては，この伝染病は，18 世紀にドイツとスイスで見出されている（清水ほか 1995）．しかし，もっと古くからある感染症であることはまちがいないだろう．ヒトとウシの移動とともに，前世紀にはアフリカ，アジア，新大陸，オーストラリアにまで分布を広げた．発症すれば発熱，鼻汁，呼吸困難を示し，とりわけ若い個体が大量死する．生き残った成牛が移動し，新しい地域にマイコプラズマをもち込んで，新たに感染した幼弱個体が全滅していくという構図の，繰り返しらし

い．あまりにも被害の大きい感染症のため，西欧先進各国は20世紀前半に徹底した淘汰殺処分により，事実上の清浄化に成功しているが，いまでも中央アフリカ諸国では，「ウシがバタバタ死ぬ病」の1つに，牛肺疫が厳然として存在する．

　ンダーマ品種にふれたとき，トリパノソーマについて簡単に述べた．*Trypanosoma* 属鞭毛虫はいくつもの種類がウシに感染するが，とりわけ3種が「ウシがバタバタ死ぬ病」の原因寄生虫である（板垣・大石 1984; 清水ほか 1995）．生活環の一部をツェツェバエに依存する *T. vivax, T. congolense, T. brucei* による，いわゆるナガナ病あるいはスーマ・ナガナ病の発生は，ツェツェバエの分布する中央アフリカ地域に限定される．とはいっても，その病勢はすさまじい．ツェツェバエの吸血により虫体に感染したウシの多くは，高熱と貧血により，ほぼ確実に死にいたる．とりわけ *T. vivax* は，アブ類の吸血行動を利用した機械的伝播が可能なため，今日では北アフリカや新大陸にも侵入している．おそらくかつてのオーロックスは，ツェツェバエともトリパノソーマとも縁がなかったかと推測される．ナガナ病と家畜ウシとの関係は，まさしく，人間が産み出した，ウシに対する負の働きかけだろう．

　同じ鞭毛虫の *Trichomonas fetus* は，家畜ウシに昔からあったと考えられる，生殖器感染症の病原寄生虫である．その発見はイタリアのマザンチ（Mazzanti）による1900年の仕事だ（星・山内 1990）．原虫は，交尾を利用して，個体から個体へ容易に感染を広げる．とりわけ感染雄は広く原虫をまき散らす源である．原虫は，妊娠早期の雌ウシで，流産を起こす．小さい早期胚の流産だから，「ウシがバタバタ死ぬ病」として人々に認識された可能性は低い．しかし，まさしく，トリコモナス病はそういう病なのだ．飼い主が知らぬ間に，肉眼でみえない単細胞生物のために，ウシはどんどん殺されていたのである．この寄生虫は，つい最近まで全世界のウシに広まっていたといってよいが，先進国では，感染雄ウシの殺処分と，なにより人工授精の普及で，ほぼ完全に克服された．なお，同じように流産を招くクラシックな感染症に，細菌によるブルセラ病と，ウイルスによるアカバネ病が列挙される．

　読者は，「ウシがバタバタ死ぬ病」のもつ意味をもう十分おわかりだろ

う．人類とともに生きているウシたちは，運が悪ければ，こうして死んでいっただろうという，お決まりの道なのである．その話の最後を，いまなお先進国でもけっして消滅していない，しつこい原虫病で終わりたいと思う．一連のピロプラズマ病である．

　ピロプラズマ病は，*Babesia, Theileria* 両属の感染による寄生虫病の，おおざっぱな総称だ．ダニ熱とか，大型・小型ピロプラズマ病とか，熱帯タイレリア病とか，寄生原虫の種類によって細かい病名を分け合っている．これらの原虫は，家畜ウシとダニ類の間で生活環を成立させる．発育ステージの詳細は成書をご覧いただきたいが（板垣・大石 1984），とにかく，ダニを使ってウシの体内に潜り込んだ原虫が，ウシの赤血球に寄生することが病害の主因である．貧血や黄疸を主たる症状とし，宿主ウシの条件と原虫の種類によっては，非常に致死率の高い病気だ．

　日本のウシのピロプラズマ原虫と媒介ダニ類は，本土と南西諸島の生物地理学的ギャップを明確に反映し，本土には *T. sergenti* と *B. ovata* およびそれを媒介するフタトゲチマダニが，南西諸島には *B. bigemina* と *B. bovis* およびオウシマダニの組合わせが分布している．*T. sergenti* と *B. ovata* の感染症は，あまり重篤ではないことが普通だが，南西諸島の2種の *Babesia* 感染は，重い病害をみせる．また，海外の *Theileria* 属原虫は，ウシを大量死させるだけの疫学的，病理学的特性を，十分に備えている．

　以上のピロプラズマ原虫の分布は，実際のところ，世界中の家畜ウシ飼育地域をカバーしている．「ウシがバタバタ死ぬ」ピロプラズマ原虫のラインナップが，これでほぼ出そろっているのである．ウシの品種が異なっても，媒介ダニの種が多少変わっても，ピロプラズマ原虫はウシの血液を求めてどこまでも広がり続ける．北日本のホルスタインを，厳冬期の避寒のため，南西諸島で大々的に放牧しようというアイデアがあった．*Babesia* の生活環とその病原性，そしてホルスタインの脆弱な抗ピロプラズマ病耐性を考えるとき（Terada *et al.* 1995, 1997），現実的でないことが理解できる．ウシ品種の抗病特性，寄生虫と宿主の共進化，そして極東の生物地理を相手に，われわれはハイリスクの闘いを挑むべきではないだろう．

日本のウシと病

 ところで，牛肺疫は，日本では半世紀以上発生していない．牛疫も長くみられない．出血性敗血症は国土に侵入した形跡がない．ところが，2000年3月，重い示唆をもたらす事例が生じた．じつに92年ぶりに，口蹄疫（こうていえき）という偶蹄類のウイルス性伝染病が海外からわが国に侵入，宮崎県と北海道のウシで感染の疑いが認められたのである．もともと致死率の高い疾病ではないが，口や蹄，乳房周辺にびらんや水疱を起こし，生産現場には甚大な被害をもたらす．今回の例では，畜産・獣医学関係者の迅速で適切な対処により，短期間で終息に達することができた（図4-17）．当然，厳重なウシの移動制限が定められ，700頭以上に及ぶ殺処分が厳格に行われた結果である．

 ここで，あらためて日本のウシと伝染病との関係を簡単に語っておきた

図4-17 口蹄疫の防疫措置
農水省家畜改良センター・十勝牧場（北海道）にて．家畜，人間，物，車両の移動に厳しい制限を加えるのは，口蹄疫防疫対策の基本である．路面には消毒剤が使用されている．2000年6月，道内で口蹄疫が厳重に警戒された当時である．

い．現在日本は，ウシを含む家畜伝染病の防疫体制が，世界でもっとも効果を上げている国といえよう．しかし，なにもこれは，日本が格別強力な防護システムを有しているからではない．主たる要因は，日本が島国だからである．港湾，空港に張りめぐらされた防疫体制・検疫システムにより，「病原体をもち込まない」という方策が比較的容易に実行できるのだ．口蹄疫にしても，台湾や朝鮮半島，ロシアや西欧での流行の間も，防疫施策が効果をあげている（小澤 1997, 2000）．むろん，日本の獣医学が，伝染病防疫に血のにじむ努力を繰り返していることはいうまでもない．同時にわれわれは，地の利を得た先進国という日本の特殊性を忘れてはならないのだ．

逆に考えよう．日本列島は，ウシと人間の永いつき合いのなかで，つねに大陸との交易を通じて，伝染病侵入の危険にさらされてきたのである．牛疫も牛肺疫も，かつては輸入ウシ集団によって国内にもち込まれ，明確な被害を出した（白井 1944; 中村 1980）．地の利のない国々では，そして，十分な予防獣医学体制の確立できない社会では，いまでもウシは目の前で「バタバタ死ぬ病」に冒されているのである．「ウシがバタバタ死ぬ病」に対して，すでに処女地とすらいえるわが国は，今後もこれらの「病」に対して，厳重な体制で臨まねばならないことは，いうまでもない．

4.5 現代病──いまのウシの生き恥

ウシたちの生き恥

「ウシがバタバタ死ぬ病」あるいは「ウシの死にざま」という考え方を，理解いただけただろうか．それぞれの病で必ず記したように，いまや高生産性を求める先進国では，こういった病のほとんどは克服されている．

しかし，それらの地域では，新しいウシの病気が定着しつつあるのだ．ちょうど，結核や痘瘡や脚気で死ななくなった先進国の人間が，糖尿病，動脈硬化，痴呆症，アトピー性皮膚炎に悩むのと，大差ない事態である．ウシの新しい病気は，わが国の獣医学・畜産学では，むしろ中心的課題ともいえ，成書に豊富な記載がある（安田・村上 1986）．穏やかな記述では，

たとえば生産病や代謝病などと位置づけられる一連の病気である．若い読者諸氏は，これらについて，今後いくらでも教育を受けるチャンスを期待できるだろう．したがって，本書は相変わらず，私流の切り口で話を進めたい．どこかでご覧になるであろう新しい病気の出来合いの概念を，本書の言葉と比較してもらえれば幸いである．

「ウシたちの生き恥」．バタバタ死ぬのが家畜ウシの普通の姿であるということを出発点にして，現在の一部先進国に多い現代病を，本書ではこう表現しよう．現代社会を操る経済効率の論理のなかで，その能力を最大限発揮する輝かしいウシたちに対して，このネガティブな表現が適切なのかどうか，異論をもつ読者もあろう．だが，私は，あるべき死を迎えないウシたちをみるとき，そこに平和な物質文明を謳歌するいまの人間たちの，哀しい「生き恥」が映し出されているように思えてならないのだ．ウシと人間．この両者をトータルに考える私は，「生き恥」こそ，ウシの現代病の真実を衝く言葉として，ふさわしいと考えている．

捻じれる胃・破れる胃

本章途中でふれた，ウシを転がす話の内実である．第3章にくわしく記したように，ウシの第四胃は，腹腔内でしっかり保定されていない．ときに，第四胃の運動が低下し，胃内容の鬱滞を招くと，第四胃は拡張し，左右に振れたままもとの正中近くへ戻らなくなる．とりわけ分娩後の雌ウシでは当然，第四胃も動きやすい．第四胃変位には左への変位と右への変位の両方があるが，右方変位は胃捻転を招き，ウシにとってきわめて危険である．第四胃が捻転にいたれば，ショックと脱水で急死は避けられない．ウシを転がす話は，慢性的経過をたどる左方変異の場合なのだ．当然，外科手術による第四胃の固定という治療法がとられることも多い．

第四胃変位の本質的原因は，各論として本書が扱いきれないほど，多岐にわたる（安田・村上 1986）．そもそもとりわけホルスタインに多く，品種間差異は歴然としているようだ．かつての品種成立時の遺伝学的要因というよりは，その後のホルスタインの改良の方向性が，第四胃変位を容易に起こす集団を増やしていると考えることができる．さらに，やり玉にあがる要因は，濃厚飼料の多給だ．生産性を求めて濃厚飼料を多量に与えら

れたウシは，酪酸発酵の増進で，第四胃の運動が減退してしまうのである．また，輸送時のストレスが第四胃の遊走を引き起こすという議論がある（安田・村上 1986）．

　第四胃変位を起こす要因は，家畜ウシに対してより大きな生産性を求める人間の，さまざまな働きかけの集積である．人類はいま，ウシとともに歩んできたにもかかわらず，彼らと歩調を合わせることができなくなっているのだ．胃が捻じれるまで妙な餌を与える人間こそ，多少頭を冷やすべきかもしれない．

　創傷性第二胃腹膜炎あるいは心膜炎は，多くの場合，ワイアー，有刺鉄線，釘，貨幣などの金属異物を，ウシが摂食することで起こる．もともとウシは，飼料・餌植物と，これらのものを区別するほど，採餌に細やかな動物ではない．重い金属異物は，噴門から第二胃に落下，そのまま停留してしまうのである．異物が第二胃内腔を傷つけたり，その運動を害することはもちろんだが，とがった金属は往々にして第二胃の横隔膜寄りの壁を貫通，そのまま横隔膜を穿孔して，重大な腹膜炎，心膜炎を起こす（安田・村上 1986; 幡谷ほか 1987）．幸いにウシは，腹腔内の汚染に比較的強い動物である．とはいえ，創傷が激しければ，命にかかわる．慢性化しても，食欲不振，消化不良，生産減衰は当然のこと．獣医師はしばしば，ひどい創傷を防ぐために，ウシにあらかじめ大きな棒磁石を飲ませておく．胃内の磁石が金属異物を吸いつけ，その迷走を食い止める．賢い予防法だといわれるが，私はあまり興味をもてない．危険なゴミをウシの近くに大量にまき散らすようになったのは，産業革命以後の話だろう．この病気とウシとのつき合いは，せいぜいその程度の長さのものだ．

さまざまな現代病

　先進国で乳牛を生産に耐えないかたちで殺処分に追い込む，もっとも頭の痛い疾病は，乳房炎だ．現在，日本における乳牛の死廃例の2割前後が，乳房炎によると考えられている（清水ほか 1995）．西欧先進諸国においても同様だろう．

　乳房炎こそ，ウシの現代病の典型である．あくまでも微生物による感染症だが，その病原体や発症機序は単純には語れない．多くの場合，*Stapylo-*

coccus aureus, S. agalactiae, S. dysgalactiae, Escherichia coli, Klebsiella pneumoniae が乳房内へ侵入，乳腺や乳管で増殖し，炎症を招く．これらの細菌名をみて，お気づきの読者もおられよう．比較的どこにでもいる細菌が，偶発的に乳房を冒すのである．原因微生物は細菌とはかぎらず，真菌やマイコプラズマもありうる．つまり，病原体の特定とは無関係に，われわれは疾患に対する総称として乳房炎という言葉を使っているのだ．

　どこにでもいる微生物の，乳房への局所感染が，乳牛を廃用に追い込む．いかにも新しい病気だ．命に別状はなくても，乳量の減少，乳汁の異常が主症状となる．その結果，高生産性要求のハードルが高い先進国では，人間がその個体の運命を屠場へと導くことになる．「生き恥」の世界のウシたちは，まさしく，生きているだけでは存在価値を主張できない．人間のつくった農業経営の尺度に見合わないウシは，個体であれ，集団であれ，淘汰される．乳房炎は，今日のその現実をあまりにも明確に表現する病気である．

　原因菌が常在性であるうえ，発症は感染だけでなく，体質，畜舎構造，飼養形態，搾乳方法，年齢，乳期など，雑多な要因に支配されている（安田・村上 1986; 清水ほか 1995）．発症しない個体は，潜在的な乳房炎の候補者となる．そして，発症すればたいていは慢性化し，生産現場での完治はむずかしい．けっきょくのところ，人間の飽くなき牛乳生産への夢が産み出したコントロールの困難な病気といえよう．乳房炎に対抗して，抗生物質の局所投与とか，ミルカーの整備とか，搾乳様式の改善など，獣医学・畜産学はなんでも思いついてきた（清水ほか 1995）．だが，人間がウシに対して考えつく知恵は，しょせんこのような病気を治すようなものではない．家畜ウシが人間の欲求とともに生きる以上，新しい病気と獣医学との"いたちごっこ"は，際限なく続く．

　もう1つ，乳牛の現代病，ケトーシスを取り上げておこう．先進国で栄養を十分に与えられ，高泌乳を求められているウシにだけ生じる，まさしく「生き恥」の病気である．

　ケトーシスの病態生理は，ケトン体，すなわちβ-ハイドロキシ酪酸，アセト酢酸，アセトンが，体内に異常に増加した状態とまとめることができる（小野 1988）．実際のケトーシスの発症機序は，非常に複雑だ．個体

ごとに，多様な要因が複合して起こるといえよう．たとえば単純には，酪酸の多いサイレージを多量に食べさせれば，ルーメン発酵の結果，いずれにせよケトン体は増加するだろう．また，あまりに泌乳の多い集団なら，いくら飼料を供給しても低栄養・低血糖状態を招く．対抗して，脂肪を動員した個体は，脂質代謝産物としてケトン体を生じるだろう．さらに高泌乳牛は，そもそも肝機能を多大に使って生産を続ける．ケトン体の代謝に回せる肝臓の能力にも限界があろう．さらに，泌乳量が上がると，乳腺組織そのものが，アセト酢酸を生成することが知られている．血糖不足のために乳腺細胞の糖代謝が正常に進まないのだ（Kronfeld 1971; 安田・村上 1986）．

つまりは，高泌乳を求めるあらゆる飼養形態が，乳牛をケトーシスへ追い込んでいく．生産性要求とケトーシス予防の間にバランス感覚を設定するのは，獣医学・畜産学の現場での責務だろう．血糖値を上げる対症療法は，普通の獣医師ならいくらでも思いつくにちがいない．しかし，私はケトーシスの治し方には，正直のところ関心が低い．「生き恥」に対して，近代獣医学・畜産学がもたらす策は，つぎの「生き恥」の始まりであることが多いからだ．

本書は，ウシの獣医学としては重要な，臨床繁殖学に深入りするだけの紙面をもたない．それを補う意味も込めて，リピートブリーディングを，「生き恥」の例として紹介しよう．雌が原因の不受胎で，かつ，ほかの範疇に含まれる明らかな原因が見つからない状態を，リピートブリーディングと一括し，該当する患畜はリピートブリーダーとよばれる．簡単にいえば，理由はわからないが，何度種をつけても雌が妊娠しない，という状態だ（星・山内 1990）．雌ウシの不受胎というかたちで，生産を直接的に害するのが，このリピートブリーディングである．リピートブリーディングのほんとうの原因は，いずれ卵巣や子宮などの具体的疾患に帰着されるだろう．しかし，今流のウシ畜産でのみ表面化する不受胎を総括するためには，とても便利なコンセプトだ．

現実には，リピートブリーダーのかなりの例が，嚢腫様黄体による，胚の早期流産ではないかとされてきた（星・山内 1990）．これは排卵後，黄体組織がしっかりと形成されない卵巣の疾患である．黄体の機能にかかわ

る疾患ということから，たくさんのリピートブリーダー群を用いて，排卵から黄体期にかけての卵巣機能のチェックが，繰り返されている（Gustafsson *et al.* 1986; Guise and Gwazdauskas 1987; Hernandez-Ceron *et al.* 1993）．リピートブリーダーの子宮内膜の組織学的異常を探る研究もある（Ohtani and Okuda 1995）．黄体の異常がリピートブリーディングに多いとわかれば，内分泌学的に黄体の形成を促したり，そもそもプロジェステロンを打ってやるなど，やはり獣医学はそれなりのことを考えてきた（星・山内 1990）．

　しかし，トリコモナス病やブルセラ病やアカバネ病で，胚や胎子がバタバタ死ぬのが，家畜ウシに永く起こってきたほんとうの姿なのだ．それに比べれば，「なんだかわからないが，種がつかず金にならない」と嘆く人々の姿は，人間とウシとのつき合いのかたちとしては，きわめて最近のものだろう．

　さらに，最近ウシが新聞紙上をにぎわせた事件に，いわゆる"狂牛病"がある．狂牛病は，病気として新しいだけでなく，現代社会にとって，ウシとの接し方を再考する，教訓的な機会をもたらした．"今"という特殊な時代を切り口にしてアプローチするため，この病気については，第5章でゆっくりと論じてみることにしよう．

第5章 これからのウシ学
ウシを知りウシを飼う

5.1 ウシと新しいサイエンス

体細胞クローン

ドリーという愛称のヒツジが出てくるニュースを，覚えておられる読者は多いだろう．テレビカメラの前でボーッと宙をうかがう，なんの変哲もないこのヒツジこそ，繁殖生物学の新たな幕開けを告げていたのだ．

哺乳類では，分化の終わった細胞からは，けっして個体を復元することはできない．これは少し前までの，生物学の常識だった．それを覆したのが，体細胞クローンヒツジ・ドリーの登場である（Wilmut *et al.* 1997）．成体の分化した乳腺細胞を，核を除去した未受精卵に融合，子宮に入れる．そうして生まれたのが，ドリーだ．紛れもないクローンである．なぜ常識を覆して，クローンが誕生したのか．スポットライトは，核を提供する体細胞の全能性に向けられた．用いられた乳腺細胞は，血清飢餓培養，すなわち栄養条件の悪い環境で意図的に培養されたものだ．この培養条件で乳腺細胞は，休止期，つまり G_0 期を迎える．ドリー誕生が発表された時点では，移植する核は G_0 期のものであることが必須で，そのために血清飢餓培養を実施したことが成功の鍵として強調されていた（Wilmut *et al.* 1997）．

ドリーから1年と少しして，マウスのクローン誕生が伝えられた（Wakayama *et al.* 1998）．論文の著者は，たまたま獣医解剖学教室の私の後輩である．おかげで私は，仕事の内容を直接くわしく聞く機会を得た．ドリーとちがい卵丘細胞の核を移植したこと，そして血清飢餓培養に依存していないことなど，ハイレベルのオリジナリティーをもっている．それに，ヒツジとマウスでは，後に得られるインパクトが格段にちがう．ヒツジに比

べたら，哺乳類でもっとも分子生物学的基盤の確立しているマウスのほうが，はるかに大きな発展性を秘めている．もはや個体への道のりを放棄したはずの体細胞のゲノムに，核移植の操作でなにが生じたのか，最大の謎に迫る鍵は，マウスが握っているだろう．発生生物学の天地を覆す力を予感させる，クリエイティブで賞賛すべき結果だ．ヒツジ同様，マウスにおいても，胎子期や出生後の致死率が高いが，それは仕事の評価を左右することではない．むしろ，なぜ分化中のクローンの多くが生き続けられないかという疑問は，ゲノムの"再起動"と密接に関連する，分子生物学のもっとも興味深いテーマを提示してくれているのだ．

コピーされるウシたち

「クローン牛ついに誕生」「残念！ クローン牛死亡」「各地でクローン牛生まれる」．マウスのクローン誕生から1年近くたって，降って沸いたように，そんなタイトルが新聞をにぎわせた．「ヒトラーを100人つくる技術」とか「科学者に求められる倫理観」という大きな見出しが，的外れの解説の上で踊っている．応用の場に最初にクローンを引っ張りだしたのは，ほかならぬウシだったのである．

あくまでも，クローン牛の成功は，ヒツジとマウスの成果の上につくられる，テクノロジーの一部にすぎない．したがってウシの仕事は，新聞紙上を飾ることはあっても，ヒツジやマウスのように，ピュアサイエンスとしてのオリジナリティーを争って発表される性質のものではない．コピーされたウシたちがもたらすものは，クローンマウスに期待されるような分子生物学の発展ではなく，家畜繁殖学の新しい展開だ．ウシの機能的キャラクターを，斉一化された遺伝子基盤の上で議論できるようになるのだ．さまざまな家畜集団・個体の特質を，完全にコントロールされた実験系にもち込むことができる．基礎畜産学に与える影響は計り知れない．

一方で，畜産現場でクローン牛を利用する道は，いくらでも具体的に生じてくるだろう．ウシの遺伝学的改良とその生産現場への普及は，新たな局面を迎える．高性能牛の大量生産や特定の遺伝子を導入された個体の複製などは，手の届くアイデアである．しかし，私の目でウシをとらえてきた本書は，畜産業のプラクティカルな道具としてのクローン技術を，必要

以上にもてはやすつもりはない．クローンは今後，ウシと人間との新しいつき合い方として，ごく日常的なものとなる．ただそれだけのことだ．ウシと人間の歴史のなかでけっして普通ではない出来事が，どこにでも普及するにちがいない．ちょうど，胃が捻じれるまで餌を食むウシが身近にいたり，亭主の顔をみない雌ウシが毎日 40 kg のミルクを搾られたり，筋肉に脂肪の交雑したウシが一番高く売れたりするのと，同じように．

プリオン

クローン牛よりは少し前になるが，「牛海綿状脳症（BSE: bovine spongiform encephalopathy）」が世間を騒がせたことがある．マスコミが好んで"狂牛病"とよんだ，新しいウシの伝染病である．

この病気は，浅く見積もっても 18 世紀前半から知られてきた，ヒツジの「スクレイピー」という，謎めいた感染症にさかのぼる（Gajdusek 1985）．スクレイピーを発症したヒツジは，震え，痙攣，痴呆様行動のあげく，起立不能から死にいたる．なにしろこの病気は，ヒツジからヒツジへ容易に感染を繰り返すにもかかわらず，長い間，"病原体"の正体がつかまらなかったのだ．

今日その正体は，プリオンとして知られる．プリオンは古典的な微生物の概念には含まれず，なんとタンパク質そのものである（Prusiner 1982）．プリオンは宿主動物のゲノムにコードされ，神経組織に比較的豊富に局在するタンパク質だが，存在するだけならなにも病気は起こらない（Oesch *et al.* 1985; Collinge *et al.* 1994; Sakaguchi *et al.* 1996）．「正常プリオン（PrP^c）」とよばれる状態だ．通常 700 から 800 程度のアミノ酸配列で議論される，ごく普通のタンパク質だ．ところが，ちょっとしたことがきっかけで，それとまったく同じ一次構造をもちながら，実際の立体構造が異なる「異常プリオン（PrP^{sc}）」が出現，蓄積することがある．正常と異常の相違は，あくまでも立体構造の微妙なちがいとしてとらえられるもので，けっしてこのタンパク質をコードする遺伝子レベルでのちがいではない（Oesch *et al.* 1985）．

そして厄介なのは，異常プリオンの存在下では，正常プリオンがいつのまにか異常プリオンに変化してしまうことだ．そのメカニズムはプリオ

ン・ダイマー説として説明される．異常プリオンが正常プリオンとヘテロダイマーを形成しながら，異常プリオンを増加させていくらしい（Kocisko et al. 1994; Palmer and Collinge 1997; Aguzzi and Brandner 1999）．したがって，異常プリオンに感染した個体では，自分のもつ正常プリオンが，すっかり異常プリオンに換わってしまう．そうなれば，いずれ中枢神経灰白質の神経細胞に空胞変性を起こし，運動障害の末，死にいたるのだ（藤本ほか 1994; 清水ほか 1995）．

　プリオンは，さらに困った性質を有している．熱に強いのだ．121℃，30分の加熱後も異常プリオンは活性をもつ．短時間のオートクレーブ処置では，必ずしも"死なない"．多少の熱処理を経た異常プリオンでも，病原性は維持されたままだ．また，化学的処理にも比較的強い耐性を誇る．このことは，加熱処理を経た畜産加工品が感染源となり，経口感染すら成立しうることを暗示する．実際，プリオンに遺伝子レベルでの多少の種間差はあるが，他種由来の異常プリオンでも，新しい別種の宿主動物に病原性を示すことがありうるのだ．確実に経口感染が証明されている例として，ミンク伝染性脳炎がある（清水ほか 1995; 山内・小野寺 1996）．これは，スクレイピー罹患ヒツジの肉や内臓を与えられたミンクに，集団で発生した致死的な脳炎である．

ヒツジからウシへ，そしてヒトへ

　BSEが流行りだしたのは，1985年以降，英国でのことだ（山内・立石 1995; 山内・小野寺 1996）．実際にはそれ以前から，食肉製造処理後のヒツジの骨や肉片が，加熱乾燥粉末処置（レンダリング）を施され，ウシ用高タンパク質飼料として製造・供給されていた．この原料にスクレイピー感染個体が使われ，異常プリオンがウシに経口摂取され，BSEを引き起こしたことは，まずまちがいないだろう．BSEには，家畜屠体のタンパク質リサイクルという，近代畜産の求める合理性が関与していた疑いが，きわめて濃厚だ．

　もちろん，感染経路がこの一点だけなのかどうかは，議論の残るところである．スクレイピーのヒツジから類推して，規模は小さくてもウシ個体間の水平感染があるのかもしれない．ともあれ，リサイクル飼料はかぎり

なく"クロ"だ．発症したウシの症状も病理所見も，ヒツジのスクレイピーのものによく似ている（清水ほか 1995; 山内・小野寺 1996）．

さてもちろん，ウシもヒツジも畜産物としてヒトの口に入る．食肉の熱処理による異常プリオンの失活は望むべくもない．プリオンへの関心が家畜伝染病レベルから，人畜共通伝染病・公衆衛生学の領域へ広がるのは当然のことだった．

じつはヒトの神経病に，古くから，クロイツフェルト・ヤコブ病（ヤコブ病と略そう），およびクールーというものがあった．この両者の症状は，進行の速い老人性痴呆症のようなもので，ヒツジのスクレイピーや BSE と類似する．クールーは，人肉食習慣のあるニューギニア東部のフォア族での発生が知られていた（Gordon 1946; Gajdusek and Zigas 1957; Hadlow 1959）．また，ヤコブ病は，文明人・現代人にまれにみられる同様の疾患で，かつては壮年期以降の人々に限局されていた．しかし 1994 年以降は，新型ヤコブ病という，若年者が発症し，かつ病理学的所見に相違のある亜系が登場してきた（Will *et al.* 1996）．ヨーロッパでハンバーガー好きの青少年を襲った新型ヤコブ病が，ちょうど広まりつつあった BSE と関連づけられるのは，週刊誌においてのみならず，学者のレベルでも当然の思考である．

「BSE 罹患ウシから，異常プリオンが，食肉を介して，ヒトに経口感染する」という，最悪のシナリオが想起されるのである．まもなくして，「狂牛病はヒトにうつる」「イギリス産牛肉は危険」という大騒ぎに発展していった．

結論からいえば，BSE 罹患ウシ，あるいはスクレイピー罹患ヒツジの産物から，経口的にヒトへヤコブ病が伝播するという事実は，証明されていない．サルへの感染実験では，BSE ウシの脳乳剤接種で，感染・発症が確認されている（Lasmezas *et al.* 1996）．しかし，経口感染となると，明確な実験報告はない．ある者は発症を主張し（Bons *et al.* 1996），ある者は否定する（Ridley *et al.* 1996）．アッセイ系の確立すらむずかしいのだ．なにしろ，投与から発症にいたるには，非常に時間のかかる病気である．

結論は灰色だが，昔からあったにちがいない異常プリオンの，きわめて

宿主の広い感染が，ウシ畜産を軸に現代人へ顕現化しつつあるという認識を強めざるをえないだろう．ミンクの確実な実例だけをみても，獣医学者は警戒意識を高めて当然である．ヒステリックな社会面的騒ぎがどういうものであれ，獣医学の責務は，確実な研究と迅速な対処だろう．

BSE は西欧先進国での騒ぎだから，対策は早かった．罹患ウシの処分はもちろんのこと，BSE に感染性のある高齢群の徹底的殺処分，周辺の清浄化，タンパク質リサイクルの禁止，飼料製造システムのコントロール，生体の輸出入規制，畜産食品の流通管理…．英国を筆頭に，対策は迅速だった．その徹底ぶりは，ヒツジのスクレイピーの場合よりも，さらに強力に推し進められているといってよい（山内・小野寺 1996）．BSE がスクレイピー罹患ヒツジを材料とする飼料から経口感染したという大前提のもとに，さまざまな策が先手を打って講じられたのをみるとき，獣医学は，純粋自然科学としてのエネルギーと同時に，社会に幸福をもたらす技術としての力を擁していることを，あらためて感じることができる（山内・小野寺 1996）．

同時に，BSE は近代畜産のあり方に，大きな警鐘を鳴らしたと受け取るべきだろう．この事件は，合理性を追求し続けてきた近代畜産が，タンパク質リサイクルシステムを普及させてまで営まれていることを，一般社会に知らしめる契機となった．そのシステムが，経済競争のなかで編み出されてきた，食肉生産の新しい方向性を表現していることは確かである．しかし，ほかの家畜の屠体の一部を，ウシの飼料に供給するという考え方に，今日の社会は，そもそも倫理的抵抗を感じなかったのだろうか．ウシを家畜化し，ウシを育て，ウシを利用するという営みは，人間がウシの顔をたえずみつめてきたからこそ，成功をおさめてきたのである．あくまでも私の感覚だが，ヒツジであれなんであれ，ほかの家畜の処理遺体産物を，計画的・組織的にウシ飼養のプロセスに組み込むことは，ヒトとウシのつき合い方としては，道徳的一線を越える行為である，と感じられる．この営みから私がみてとることができるのは，もはやウシの顔をみなくなった，"傲慢な社会"の一面である．同じようなシステムは，今日ブタでも確立されている．ブタが弱齢で解体されるから，プリオン病が表面化しないのかどうかはわからない．しかし，家畜に対して少しずつ根を張る，

近代社会の奢りは，畜産技術の発展を冷静に認識してきた私の倫理観からみても，省みるべき時期を迎えているように思われる．

5.2 五大陸のウシたち

13億頭とそれぞれの社会

　再三みてきたように，ウシは究極の反芻獣である．どんな動物よりも効率の高い，おそらくはこれ以上望みようもないような高性能の反芻胃を備えている．ウシにまつわる社会科学的・人文科学的現象の多くは，この反芻胃に起因しているといっても過言ではない．ここではそんな反芻胃がもたらした，家畜ウシの現況を地球規模で俯瞰してみよう．

　たとえば，アジア諸国を旅すると，よほどの都市中心部でないかぎり，街にはウシが寝そべっている．農村はいうまでもなく，一見，もち主がいそうもない山の中にまでウシたちの姿がみえる．世界中の13億頭のウシのうち，アジアには4億3000万頭が生きているという推計がある（FAO 1996）．わが国はこのうち，450万から500万頭といったところか．日本はアジアのなかで，ウシのポピュレーションに関してはけっして大きな国ではない．もちろん，畜産とウシとのかかわりとしては，他国にひけをとらないだけの重みをもつが．

　アジアのウシの約半数，じつに2億頭がインド国内に生きているとされている（FAO 1996）．前章でふれたヒンズー教国家インドでは，ウシの屠殺はありえないことなのだ．屠殺そのものが非合法である．ウシは聖なる生きものとして崇められる．稲作のステージに合わせた祭りにも，必ずウシたちが主役として登場する．畜力・畜産物としての利用以前に，亜大陸では，ウシの存在自体が，個人の精神世界と社会の安定的基盤にとって不可欠なのである．ここではスイギュウも同じだ．全世界のスイギュウのおよそ4割，6000万頭が，殺されることなく生き続けている．

　アフリカは，面積の割にはけっして頭数は多くないが，それでも約2億頭という数字がある（FAO 1996）．ナガナ病，牛疫，牛肺疫，出血性敗血症，炭疽…．技術的，社会的，経済的に，伝染病の制圧が困難なこの大

陸では，家畜ウシの飼養を産業として成立させられない地域が，いまもたくさん残っている．逆にいえば，家畜ウシの可能性を，これからも広げうる大陸なのだ．アフリカの大地を家畜ウシの飼育で発展させられるかどうかは，これからの人々の努力にかかっている．

南米は，ゼブーのもち込みが成功した地帯だ．前章でふれたが，ゼブーの品種のいくつかが肉用として大活躍している．そもそもはスペイン人・ポルトガル人の渡来以降，牛肉食の白人を多数飲み込んできた南米大陸では，ウシの生産物が国の根幹を支えていることが普通だ．

一方，先進諸国では，ウシは生産性を強度に求められている．北米大陸1億7000万頭，ヨーロッパに1億1000万頭．ウシ畜産を技術的にリードする国々だ．オーストラリア・ニュージーランドにも3000万頭以上が飼養されている（FAO 1996）．先進的畜産業では，生産に携わるウシの飼育頭数が，格段に多い．いくら2億頭のウシがインド亜大陸にいても，宗教・祭礼にばかり，ウシが生きているような面すらある．ましてそこには，9億を超える民が生活している．けっきょく，人口1人あたりのウシの生産力は，西欧が他地域を大きく引き離してリードしている現実が浮かんでこよう．

この差が今後ますます広がるというのが，私の推論だ．ウシからみたとき，ウシの相手をしている人間は，明確に2種類に区別されていくことだろう．ゼブー世界が代表するウシとの緩やかなつき合いをする人々と，ホルスタインが暗示する研ぎ澄まされた競争を生き抜く先進国の人々とに．

草を自分のからだに

ドーキンス風にいえば，おそらく，ウシは，ヒトにとってはなんの役にも立たない地面の草を，確実に自分のからだに変える遺伝子の運び屋である，ということになるだろう．"自分のからだ"とは，ウシとつき合う人間にとっては，即，動力と肉とミルクだ．先に記したように，五大陸のウシたちをみれば，ウシのもつ反芻胃の能力を，ぎりぎりまで活かした人々と，そうでない人々の相違が明確化してくる．

両者どちらのライフスタイルが優れているなどという無意味な議論はしない．大切なことは，60億という地球上の人間のなかで，今日ウシとか

かわらなかったり，ウシを知らない社会に生きる人々など，けっして存在しないということだ．その理由は，ただ1つ．ウシが，ヒトの胃袋を満たせない草を，自らの能力で食糧や動力に変えるという，神がかり的な力をみせてくれるからである．究極の反芻獣，ウシと，人間社会とのつき合いは，ヒトの側のライフスタイルにかかわらず，すべてこの一点に集約される出来事である．

5.3 進化史におけるウシの将来

野生ウシの危機

第1章以来久しぶりだが，ここで少しだけ，広い意味でのウシの話を展開してみたい．

ウシ科46属120種．彼らは，系統進化学的発展に関しては，どの段階にいるのだろうか．第1章では，人類からのプレッシャーによる危機を棚上げすれば，いままさに絶頂期の繁栄を示しているのではないか，と私論を記した．多少の解釈の相違はあっても，現在十分に発展を謳歌しているグループであることに，異論はないと思う（コルバート・モラレス 1993）．

では，*Bos* 属にかぎっては，その現状はどうだろう．

哀しむべきことに，まさしく人間社会からの圧力によって，彼らは窮地に追い込まれつつある．5種のうち，オーロックスは滅んだ．13億頭の子孫を人類に託しながら．家畜品種の野生化集団ならどこにでもみられる．しかし，原牛は1頭もいない．コープレイに対しても，森林開発が"死の宣告"をいい渡す可能性が高い．バンテンもガウルも，いずれも野生個体はほんの一握りだ．分布域周辺の政治・経済状況に恵まれないこの2種に関しては，生息数を確実に把握した報告すらない．ヤクの野生集団では，わずか数百頭にも満たないという推測が出されている（Alexander 1987）．

これらのウシたちは，守猟や環境破壊という単純な直接的図式で，滅んでいくばかりではない．家畜として繁殖コントロールを重ねてきた個体が，飼い主の都合で原種の生息域に放され，あるいは捨てられた場合，野生集団への遺伝子汚染が広まり，原種は破滅的な危機を迎えるのである．いず

れにしてもいまこの時点で，例外なく全野生 *Bos* 属が，存亡の瀬戸際に立っているのだ．

あまりに寂しいので，もっとも近縁のグループとして，*Bubalus* 属の現状をみよう．スイギュウを代表例とするこの属で，野生集団がある程度のポピュレーションを保っているのは，ほかならぬ家畜スイギュウの原種アジアスイギュウのみだ．ほかにアノア，ヤマアノア，タマラオ（ミンドロスイギュウ）と3種あるが，すべて絶滅寸前である．

おわかりだろうか．究極の反芻獣，*Bos primigenius* とその周辺の動物群を，野生集団の絶滅というかたちで，ほかならぬわれわれが，いま，終結させようとしているのである．

未来への方策

ウシやスイギュウが，どこへ行っても闊歩しているからといって，そういう動物が，野生動物として安定して暮らしているわけではない．文明以来われわれがウシに対してしてきたことのなかに，とてつもない誤りがあることにお気づきだろう．

ゼブーを道端で遊ばせていることも，毎日数えきれないヘレフォードの命を奪っていることも，デ・リディアを見世物にして何万人が熱狂していることも，ホルスタインから文字どおり搾取を繰り返していることも，クローン牛を好きなようにつくっていることも，すべて，人間社会がそれなりに考えて行動していることだ．

しかし，野生のウシたちを絶滅に追い込むことだけは，明らかな人間の思慮欠如である．傲慢である．狩猟であれ，環境破壊であれ，遺伝学的攪乱であれ，野生集団を1頭残らず死にいたらしめることは，なにがなんでもまちがっている．彼らは，ヒトと同じ，地球の一部にほかならない．われわれはいま，繁栄を続けてきたであろうウシたちの運命を，それもあまりにも短期的に決まる運命を，容易に左右できる立場にある．その責任は，人間としての知力を傾けて，全うしなくてはならない．

事実，法と行政からはいくつかの策が練られてきた．ワシシトン条約（CITES）は，ガウルとヤクの野生集団について，そしてすでに手遅れかもしれないが，コープレイに関しても，国際間取り引きを規制している．

さらに，アジア諸国を中心に，ワシントン条約関連法をはじめとする数々の国内法が，これらの種を強力に保護すべく整備されている．いわゆるNGOの活動も非常に効果的だ．IUCN（International Union for Conservation of Nature and Natural Resources）の手で，バンテン，ガウル，ヤク，コープレイの4種がリストアップされ，保護策の指針が示されている（Nowak 1999）．

　だが私は，研究者がもっと力を注がなければ，これからは進展がないだろうと予測している．学術研究のない保護は，必ず行き詰まる．野生動物保護においては，法も行政も非政府組織も，潤沢な研究環境を支えなければ，必ず破綻する．なぜならば具体的保護策の最前線で求められるのは，けっして行政的職務ではなく，また，たんなる個人の熱意でもなく，あくまでも科学的客観的判断の連続だからである．これからのウシ学のもっとも重要な責務として，研究者の手による，野生種の研究と保存，そして保護政策の立案と実行があるだろう．これは，ウシ学のなかでも，とりわけ推進困難な仕事の1つだ．しかし，ウシを扱う学問のなかで，もっとも価値あるセクションとなることは，まちがいない．

5.4 ウシからみた地球

植生とウシたち

　小笠原，ガラパゴス，モーリシャス，ハワイ．共通項をあげるとすれば，大陸から離れた海洋島・大洋島群で，独自の生態系を進化させた点である．

　これらの海洋島土着の植生を，人間の手でもち込まれた偶蹄類，齧歯類，兎類などが破壊していることは，よく知られているかもしれない．なかでも反芻獣，ウシ・ヤギ・ヒツジは，植生の破壊者として，ひときわ罪深く語られる．さらに彼らが破壊するのは，海洋島だけではない．アジア，アフリカ，新大陸，オーストラリア…．世界中のフィールドで，餌となる植物をかたっぱしから食べているのだ（Bock and Bock 1988; Mian 1988; Rahmani 1988; Fleischner 1994）．

　究極的進化を遂げた反芻胃は，ウシたちがおかれる状況によっては，手

のつけようのない，大問題を引き起こす．彼らの胃をもってすると，多くの種類の植物が消化の対象になりえてしまう．むろん，植物は植物で，黙って食われていては絶滅するので，たとえば有毒物質を蓄積したり，有毒植物に擬態したりなどの対策を，自然淘汰のなかで身につけてきた．ウシのほかヤギ・ヒツジを死にいたらしめるアセビの毒など，その典型例である（安田・村上 1986）．とはいっても，植物側の防備には限りがある．ましてや，高性能の反芻獣に対しバージンの植生は，ほんとうに草の一片すら残らなくなるまで，反芻獣の胃袋におさまってしまうのだ．さらに反芻獣は，第2章でふれたように，舌で植物を引き抜くことが多い．根まで食われた草地の多くは，植物自身の力で復元することはままならないのだ．

冒頭に掲げた海洋島には，反芻獣のために禿山と化した島が多数含まれ

図 5-1 ハワイ諸島産のヤギ（剝製標本）
海洋島にもち込まれた反芻獣は，土着の植生に大きなダメージを与えている．（国立科学博物館収蔵標本・Watson T. Yoshimoto 氏寄贈）

ている．ハワイ諸島は日本人のよく知る遊び場であるためか，そもそも米国領であるためか，多くの人々の認識が甘いが，海洋島の自然破壊の最たる例である．島の植生は，反芻獣の思うがままにされている（図5-1）．日本では，伊豆や小笠原の島々，南西諸島での植生破壊が深刻だ（高槻 1999）．また，広く砂漠化している北アフリカは，先史時代には，豊かな草原が広がっていた可能性が高い．サハラ砂漠の場合，定量的な議論はほとんど困難だが，広大な草原を砂漠化させた要因の1つが，反芻獣，とりわけウシの放牧・採食であると考えることができる．その地域がウシの家畜化の先進地帯であったこととも関連があろう．時代的には後になるが，オーストラリアで起こっていることも大同小異だ．砂漠化という帰結をとろうがとるまいが，植生をできるかぎり食べてしまうのがウシたちの本質である．そういう意味で，植生の環境保護的な維持とウシ飼育は，そもそも両立しにくいといえるだろう（前田 1996）．

しかし，世界中に無思慮に反芻獣を分布させてきた原因は，すべて人間

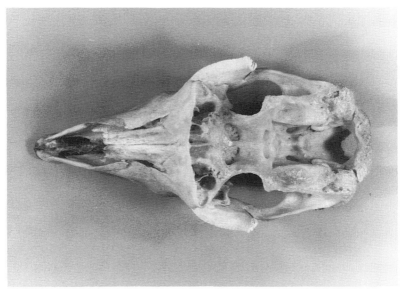

図 5-2 小笠原諸島産のヤギ（頭骨標本）
駆除されて標本化されたもの．研究のために脳が摘出されている．（協力：東京大学大学院農学生命科学研究科・林良博教授）

第5章　これからのウシ学　　165

にある．海洋島の反芻獣は，1頭の例外もなく，人間の手で島々へもち込まれ，繁殖したものだ．つまりはほんとうの破壊者は，思慮のない人間である．飼育中にしろ，再野生化状態にしろ，あらゆる家畜ウシの生き方には，100％人間が責任を負うべきである．過剰な放牧はもちろんチェックしなければならない．小笠原でも，ハワイでも，ガラパゴスでも，導入家畜の積極的な捕獲・駆除が推進されている（図5-2）．再野生化ウシの生態学的コントロールはけっして容易な課題ではないが，21世紀のウシ学が背負うべき，重大な責務の1つである．

ウシが暖める地球

第二次産業に比べれば，農業が環境破壊の犯人として語られることは，最近までほとんどなかったといってよい．しかし，過去10年程度の間に，地球環境のグローバルなモニタリングや保全の必要性が叫ばれるようになった．人間の活動によって地球に加えられるあらゆる影響が，科学の俎に乗ってきたのである．第一次産業による環境破壊としては，森林の伐採に始まり，水産資源の乱獲，耕作地への有害物質散布，そして畜産業による大気中へのメタン放出が，取り上げられるようになってきた．メタンが地球に及ぼす影響とは，いったいなんだろうか．

これまでに，地球温暖化を招く温室効果ガスとしては，まず，化石燃料の放出と森林破壊により増加の一途をたどる二酸化炭素が議論されてきた．そしてつぎなる温暖化の悪役こそ，このメタンなのだ．しかもそのメタンの放出源は，大半が畜産業．事実上，それはウシを中心とした反芻獣の胃でつくられるものとされている（不破 1994; Jallow 1995; Sakona 1995; Vermorel 1995; Lassey *et al.* 1997）．第3章でふれた哺乳類進化の極致，すなわちウシの反芻胃によってつくられるメタンが，地球の気温をわずかずつ，しかし，確実に上昇させていると考えられているのである．

実際，二酸化炭素ほど古くからのデータはないようだが，過去150年間で大気中のメタン濃度が2倍以上に高くなったという試算もある（通産省工業技術院資源環境技術総合研究所 1996）．人口増加が反芻家畜のポピュレーショシの増大を招き，まったくパラレルに大気中のメタンも増えていると示唆されている（不破 1994）．

環境科学は再現がむずかしいせいか，ほんとうのところはなにが原因で，今後どうなるのか，guess と suggest の間を行き来しているという印象がもたれている．ともあれ，ウシが温暖化の原因なら，いずれ化石燃料の消費と同様に，国際的なコントロールの努力が始まるはずだ．しかし，人類が国家，体制，イデオロギーという克服できない集団的利己主義を堅持する以上，この問題に解決はありえない．石油を燃やす代わりに，もっと危険な核燃料をそこらじゅうに保持するような，そんな構図がせいぜいの"解決策"だろう．

　しかし，家畜ウシと人間の関係は，何千年も，幸せな社会を築くべく発展を続けてきた．ウシを家育化し，育種し，飼育し，利用してきた人間は，これからもウシとともに生きていく以外にない．けっきょく，人間はウシを心から愛しているのだ．ウシを愛するかぎり，人間は，その叡智を集めることで，環境問題にも必ずや正しい未来を開く．そう，私は信じている．

| 補　章 | 過去と未来への客観性

補.1　ウシの起源の系統論

合理主義の時代

　ウシをめぐる知は，この20年ほどの間に激しく変化したといえる．2001年の刊行のとき，「ウシの顔を人間が見ているがゆえに，ウシの学と文化は魅力にあふれている」という趣旨を，私は書中一貫して表現していた．表現意図の本質を語れば，ウシ畜産の経営主義を助長する新規技術やウシの理解に用いられる力任せの還元主義は私にとって興味を惹くものではなく，ウシを出汁に一旗揚げて小金を成そうかという狭小な経済的動機まで含めて，ウシの学の周囲にまとわりついてきた人間と社会の合理主義に困惑と嫌悪を覚えたということである．たとえば，当時既に大学の牧場は畜産物の売り上げで金を稼いでこそ存続できるという愚昧極まりない拝金主義が鎌首をもたげ，人と家畜の関係を語るに不可欠な多様な品種や広大な草地や最低限の人員まで削られる風が吹き始めていた．学生が大学の牧場で家畜については金銭価値しか学ぶことができなくなることすら，危惧され始めていたのである．

　20年弱を経て，現実の人と家畜の関係は当時以上に合理主義に席巻され，大学の家畜飼育施設はこの間にいくつもが姿を消し，牧場は亡者のごとき民間企業の金銭によってその動静を左右される現実が生じている．家畜の周りで元気なのは拝金主義ばかりである．そしてそのことを省みる意志すら，大学と学者から失われつつある．物心両面からその日暮らしを強いられた大学人が社会に返せる答えは，牧場の廃止と金銭への盲従でしかないかのようである．学問の場でウシの顔を見る人間は消滅し，ウシがどこでどう生きようとお構いなしというところだろうか．取るに足らない業

績と決算の数値だけを，ウシを知ろうとする人間の好奇心を無視しながらデジタル空間に吐き出すだけというのが，大学の現実である．

　望み薄い今日に，学者としてのウシの学の面白さを少しでも次の世代に継承していきたいと考えて，本章には過去20年間のウシを巡る知の変化を記したいと思う．論点は無限に広まるが，ウシに向ける現代人と現代社会の意識・思いに変化をもたらす可能性のあるいくつかの知見の紹介を意図しておきたい．

　刊行時のページを残したままに，知識や理念が変化した領域を詳述したいと考えるが，実際には，原種を含めたウシの基礎生物学も，家畜ウシの起源・系統・機能も，人とともに生きる品種集団の多様性も，現実の畜産業や畜産物と社会との関係も，あまりにも急速に変貌を遂げ，いくばくかのページでそれらの変化を網羅することは困難である．そこで，今次付加する内容としては，おもに以下の二点に焦点を絞りたいと考える．

　ひとつは，すぐに語る家畜ウシの起源に対する系統論である．また追って語るもうひとつは，育種改良の分子遺伝学に基づく理論と手法の変化である．この20年に人がウシから導こうとしているこの2つの論点は，「過去と未来へ向けた客観性の拡張」だといえるかもしれない．おそらくこの2点は，ウシの長い学の流れのなかでは，いずれも小さな通過点に過ぎないだろう．客観性の後に控える比較と総合のプロセスこそが，人類とウシの知を近づける真の果実となると，私は確信している．だがまずここは，強力な2つの客観性を取り上げつつ，新しい知識と理論を整頓し考察する機会がつくれれば幸いに思う．

動物考古学からの刷新

　家畜化の議論は，ウシのみならず多くの家畜で，2000年以降に一定の変質を迎えている．本書が掲げてきたように，原種からの初期家畜化の研究はつねに学融合・学際的に進めるべき比較総合科学である．ただし2000年以降のウシのケースでいえば，要点は動物考古学と分子遺伝学によって開拓されたと評することができよう．

　考古学的には，出土骨の精緻な検討により，最古の家畜ウシの誕生に関して，その時代と地域を正確に把握できるようになってきている

（Helmer *et al.* 2005; Hongo *et al.* 2009; 本郷 2018）．動物考古学的な第一の直接証拠は，骨格のサイズの変化を指標にして，原種から切り離されて家畜化が始まったと判断するものである（Helmer *et al.* 2005; Scheu *et al.* 2008; Ajmone-Marsan *et al.* 2010）．同時にそれ以外の考古学的着眼点として，幼体骨格の多量の検出や，出土骨の性比の変動，狩猟対象野生種との利用状況の置換も，家畜化の開始や発達を示す有力な証拠となる．考古学による遺跡発掘は，出土物や出土状態の多様なデータから，飼育，育種，屠殺，消費等の根拠を直接的に見つけ得る唯一の手法としてますます重要度を増している．

　今からおよそ1万年前のトルコのチャヨヌ遺跡は根源的に古いウシ家畜化の証拠を見せている（Hongo *et al.* 2009）．また北シリアのジャーデ遺跡からは，出土骨の性的二型の減少が明らかとなる時代が検出され，最古級の家畜化の根拠とされている．いずれも紀元前およそ8300年という年代を提示している（Helmer *et al.* 2005; Hongo *et al.* 2009）．同様にアナトリア地方のチャタル・ホユック遺跡が注目され（Perkins 1969），長期にわたって大型野生原牛が捕獲された時代を経て，紀元前7000年頃から家畜化ウシが出現した証拠が見出されている（Russell *et al.* 2005）．

　もちろん単純に古さを競うことに意味はない．要は，新石器時代，今からおよそ1万年前のトルコ・イラク・シリア・パキスタン近傍，とりわけいわゆる肥沃な三日月弧地帯やレバント地方を，家畜ウシの最古のロカリティ記録と考えることに異論は生じないだろう．肥沃な三日月弧における最初期の家畜ウシの移動についても，精度の高い検討が進んでいる（Arbuckle *et al.* 2016）．もちろんここまでの論議は，すべてオーロックス系統によるヨーロッパ系ウシの起源の話であって，ゼブー系に関しては次項に別途分子遺伝学の話として論じることにする．

　肥沃な三日月弧地帯における考古学的理論については，本書刊行時からの知見の相違は様々な論題に生じている．もっとも重要な点のひとつは，ヤギ・ヒツジとの家畜化開始時期の相違に関することである．かつてはウシの家畜化はヤギやヒツジより明らかに遅い時代であろうといわれ，後者の体サイズが小型であることがウシよりも初期家畜化を容易にしていたという推察もあった．確かに現在でもウシの家畜化が他の家畜種より際立っ

て古いとされることはない．しかし，トルコ近傍の遺跡から得られる解析結果からは，この反芻獣3種は，イノシシ・ブタも含め，家畜化開始時期は，かつて論じられていたほど相互に時代差は大きくないとされている (Hongo *et al.* 2009).

原牛とゼブー

ウシの系統論を改める近年の要因の大きな部分は分子遺伝学による成果である．現地調査が進み，根拠となる研究対象集団がある程度広がってきたことがひとつ，もうひとつは，遺跡出土骨における古代DNA解析の進展である．また，情報インフラとしては，家畜の遺伝資源情報のデータベース的な蓄積が，その議論に量的な安定性をもたらしている．

一方で，現状では論点に変化は起こしているものの，単に各研究グループがその時に用いることのできる遺伝子でのみ見えてくる系統を短絡的に推定し，それぞれのケーススタディを繰り返しているという弱点も露呈されてきた．事実，たとえばイヌやニワトリの起源的系統論は，通常の学術的論争の域を超えた混乱と，いうなれば醜態を見せていると批判することができる．ただし，救いとしては，ウシの場合には，イヌやニワトリに比べれば慎重な論議を経て実のある論議が進捗しつつあると思われることだろうか．

ウシの場合，分子遺伝学の論議の場では，ミトコンドリアDNAの塩基配列による分岐関係の構築が，当初の突破口となりその後も大きく貢献している．古典的とも思われるミトコンドリアDNAによる系統解析がウシで有用だと認識される一因は，人為的育種プロセスのみならず，それ以前からのウシ関連集団の分岐をトータルに議論するうえで，ミトコンドリアDNAが都合のよい変異速度をもっていて，少なくともハプロタイプの集団内比率の比較まで行えば，各ウシ集団の分子系統学的相互関係がほぼ明瞭に語られるためである．当然この事情は他の家畜種では必ずしも成り立たないため，あくまでもウシの家畜系統史の解明にとっての，有用な条件であるといえる．

ミトコンドリアゲノムのハプログループの検出と情報蓄積によって，ウシと関連近縁集団の関係は，分岐年代とともに明瞭に議論されているとい

える．もちろん研究の進展が解析内容を書き改めることは多々あろうが，ちょうど 2000 年以降において，ウシ関連集団の相互関係のおおどころは明らかとなったと認識される．一連の研究は，オリジナルな論理構築においてだけでなく，後に続く多数の論議の中で信頼性を獲得するに至っている（Troy *et al.* 2001; Edwards *et al.* 2007, 2010; Achilli *et al.* 2008, 2009; Stock *et al.* 2009; Ajmone-Marsan *et al.* 2010; Olivieri *et al.* 2015）．ミトコンドリア DNA のハプログループにはアルファベットと数字の名称が与えられ，ゲノムデータベースの情報とともに，万人が共通の用語で論議できる状態になっている．以下に既に信頼を得て，論議のおおよその基盤と見なされているストーリーを記そう．

　まず，いわゆるヨーロッパ系の原牛とされる系統とゼブー系統が分岐した年代は，推定に幅はあるものの，今から 33 万年前とされる．たとえば，ヤクやバイソン属は当然のようにこの分岐の外側にある．33 万年という深い分岐の数字は，何らの客観的な判定にはなり得なくとも，数字だけ見れば，両者が別種であると考えても差し支えないだろうという気を起こさせる．が，事実としては，原牛系統とゼブー系統はその後の歴史が証明するように生殖隔離は起こしていない．また本書でも語ってきたように，ヤクもガウルもバンテンも人為的にはウシと交配が施され，稔性をもった子孫を残す．分岐年代が古いといっても，これらの集団は生殖隔離を起こし難い相互関係にあり続けていることが事実だ．もちろん，種の定義や概念をここで論議するつもりはないが，ヨーロッパ牛とインド牛はそもそも別種ほどの分岐年代の古さをもつとともに，人為的に雑種を生み出しながら継承された．そして，両集団とも野生原種が残されていない，というのが，真実である．

　刊行時の本書の起源的系統の知見においては，ヨーロッパ牛に対するインド牛すなわちゼブーの系統的位置の記述を曖昧なままにしておいた．まだ論議の最中でもあるという論述になっている．当時の知見では，両集団は形態学的特徴を中心とした表現型の断絶は明らかに見られるものの，両集団の起源については十分な生物学的客観情報が確立されていなかったからである．今日この曖昧さは完全に解消され，原牛系とゼブー系はまったく別の野生集団として存在し，人間が両者に対して独立多系統的に家畜化

を開始したことが確実であるといえる.

　ここに分類命名規約を持ち出す考えはまったくない. 一方で, 原牛とゼブー系の間のここまでの深い分岐が明らかであるならば, ラテン語でいえば, ヨーロッパの原牛は *Bos primigenius* であり, 家畜化されれば *Bos taurus* と呼ばれてしかるべきである. 一方で, 原牛から33万年前に分岐したゼブーの原種野生集団は独立種的に *Bos indicus* と呼んでも困惑は生じなかろう. さらにいえば, ゼブー系の家畜ウシ集団いわゆるインド牛も, *taurus* と明確に区別して, *Bos indicus* と呼ぶ方が妥当だ. ちなみにゼブー系のウシがもつミトコンドリアDNAのハプログループはⅠと名付けられている.

　ゼブー系の家畜化の起源と推移についても, 分子遺伝学は一定の結論を得ている (Troy *et al.* 2001; Lai *et al.* 2006; Chen *et al.* 2010). むしろ現在, ゼブーに関しては考古学的証拠が乏しいといえるだろう. 一般には原牛系統の家畜化に1500年から2000年程度の遅れをもって, インドで野生原種からゼブーの家畜化が始まったと推察されている (Ajmone-Marsan *et al.* 2010). 地理的には後にインダス文明が発祥する地域である. その後のアジアを足場にしたインド牛の, たとえば中国方面への拡散に至るまでの歴史を, ミトコンドリアゲノムのデータは一定に推測している (Troy *et al.* 2001; Lai *et al.* 2006; Cai *et al.* 2007; Chen *et al.* 2010). ゼブー系のミトコンドリア遺伝子以外の遺伝学的議論は, また後に何度かふれよう.

近東とヨーロッパのハプログループ

　しばらくの間, 話題の対象からゼブー系を除外しておきたい. 一方のヨーロッパ系の原牛における近年の理論的進展は, 原牛は家畜化される以前に, 野生動物として複数の集団に分岐を開始していたという事実の把握である. 一連のハプロタイプ・ハプログループの解析は, 現生集団由来の材料のみならず, 古代DNA解析を使う遺跡出土骨にも及び, 塩基配列の情報バンクを駆使した大規模で総合的な議論に至っている.

　検討の結果, ゼブー集団を分岐後に, 原牛は, 比較的大きなクレードとして, およそ13万7000年前にハプログループRを分岐, その後ハプログループEを分岐, 約7万1000年前にハプログループPを分岐, そして

およそ 4 万 8000 年前にハプログループ Q と T に分かれたという経過が推定されることとなった．ハプログループ Q と T は，家畜化開始以前の時代，およそ 1 万 5000 年前に，浅い分岐の多様化を見せていることも判明した（Edwards *et al.* 2007, 2010; Achilli *et al.* 2008, 2009）．

　遺跡骨や現生集団におけるハプログループの地理的分布を考慮すると，初期に分岐したハプログループ P と R は，ヨーロッパに野生分布する原牛集団のもつ遺伝子として継承されたことが確実である．このハプログループ P と R は，現生する世界の家畜ウシ集団からはほとんど見られない（Achilli *et al.* 2008; Edwards *et al.* 2010）．

　ハプログループ R は，例外的にアジェロレーゼ，チニサラ，ロマニョーラ，マルキジアーナなどの，イタリアの地方品種，在来牛に，低頻度ながら検出される（Achilli *et al.* 2008, 2009; Bonfiglio *et al.* 2010; Edwards *et al.* 2010）．おそらくはこの遺伝子は，ヨーロッパの野生原牛集団に受け継がれ，近東に起源する外来家畜集団との交雑を生じながら，今日，イタリアの地方品種に小規模に見出されるものと考えることができる．ハプログループ R を有してヨーロッパに野生分布していた原牛が，近東とは独立してイタリア付近で独自の家畜化プロセスを経て家畜ウシ集団を起源的に生み出したことはないと考えるのが妥当だろう．つまり，ハプログループ R は，トルコやシリアでの最古の家畜化とは無関係に，ヨーロッパで存続し続けた遺伝子であると断定できる．

　一方，時代的に後期に多様化したハプログループ T は，近東に原牛として野生分布しつつ，肥沃な三日月弧の地域で家畜ウシの起源となったと考えられる．ウシの人為的育種・家畜化を経験したのは，このハプログループ T の集団であるとことが確実視されるのである（Achilli *et al.* 2008, 2009; Olivieri *et al.* 2015）．近東で家畜化が開始された集団はこのハプログループ T をもつ集団であり，いわば T が検出されれば，トルコやシリアで 1 万年前に初期家畜化された集団の母系的末裔であると証明することができるのである．ちなみに T の中でも，細分化されて T3 とされるハプログループが，現在ヨーロッパ牛の系統に最も普遍的に検出できるハプログループとなっている．

　実際の，近東からヨーロッパへのウシの移動の状況を整理しておこう．

近東方面からアナトリア半島を経てのヨーロッパへの家畜ウシの到達がいつの時代であったかは，考古学が証明している．具体的には，ギリシアやバルカン半島でのウシの出現は 7000 年以上前ではあるが，より北方や西方では 5000 から 6000 年前であるとされ，一定に高度な栽培農業の拡散と一致した動きであるとされる（Medjugorac *et al.* 1994; Ajmone-Marsan *et al.* 2010）．これは各地域の新石器時代の発展と符合している．

　北ドイツのローゼンホフのサイトでは，遺跡出土骨における興味深いハプログループの交替が確認される（Scheu *et al.* 2008）．中石器時代を通じて遺跡出土するウシの骨格からは，古代 DNA 解析によってハプログループ P ばかりが見出される．これらの骨は，ヨーロッパ原牛の野生分布集団が当地で狩猟・捕獲されたものと考えてよいだろう．ところが，新石器時代に入ることとほぼ同時にハプログループ T3 が同じ遺跡から出現するようになり，より新しい時代の骨からは圧倒的に T3 ばかりが検出されるようになる．形態変異の論議や構成年齢と性別，出土状況まで含めた論議をさらに深めることは当然としても，原牛の狩猟から持ち込み家畜ウシ集団の利用への明確な移行が起きたことが証明されたといえるだろう．ちなみに，同地で T3 をもつ最初期の出土骨は紀元前 4000 年のものである（Scheu *et al.* 2008）．

　以上の根拠から，ヨーロッパ最古の家畜ウシは，近東で家畜化された T 集団が人為的に持ち込まれたものであると断定される．生物学的にはヨーロッパに分布する原牛と持ち込まれた家畜ウシが交配することは当然あり得ることであり，またハプログループ P や R をもつ現生家畜集団が小規模ながら残っていることも事実である．しかし，古い時代に分岐し，ヨーロッパに分布を広げた P と R のハプログループの集団が，近東由来家畜ウシとは独立して，別途ヨーロッパ起源の家畜ウシを生み出したという考えは，慎重な異論はあったとしても，一般的には否定される．

　もうひとつのハプログループ Q に関してはまだ不明な点を残しているが，エジプトの考古資料から見つかり，また一部のヨーロッパの地方集団に高頻度に見られることから，ハプログループ T と同様に近東で初期家畜化を経過し，その後ヨーロッパ方面へ移されていった集団がもつ比較的小規模なハプログループであると推察されている（Bonfiglio *et al.* 2010;

Olivieri *et al.* 2015)．イタリアの地方品種でも，カバニーナとキアニーナでは，圧倒的に頻度の高いT群以外には，ハプログループQのみが見つかってくる．換言すると，古いとされるイタリアの地方品種のすべてからハプログループRが見つかるわけではない．またハプログループEは現生群からは検出されず，分岐後絶滅したと考えられている．

　またアフリカでもウシは独自に家畜化されたのではないかというアイデアが，かつて提示されていた．しかし，アフリカ地域からはT1ハプロタイプが見つかることが多く，一連の研究により，やはり近東で家畜化を終えた集団がその後アフリカへ人為的に持ち込まれて急速に分布を広げたと考られるようになっている（Bradley *et al.* 1996; Achilli *et al.* 2008, 2009; Ajmone-Marsan *et al.* 2010）．本書でふれている抗病性・強健性に助けられてアフリカに広まっているゼブーの系統は，アフリカ大陸での初期の家畜ウシ集団の拡散からは数千年も後の，インドに起源する新しい移入家畜ウシ集団である．

　20年弱の間に固められた上記の理論は，トルコやシリア地域での初期家畜化よりも早い段階で野生集団としてのウシが複雑に分岐を開始していたという，新たな理論を打ち立てたといえる．大型獣の系統の分岐であるので，たとえばマクロな気象条件など，大きな自然環境の変化がこの分岐の要因として考慮されるであろう．新石器時代に向かう人間との間で，何らかの相互関係があったかどうかはまったく分からない．

　が，いずれにしても，トルコ近傍での最古の家畜化前に分岐を終えていた各クラスターに関して，その多くが各地で多系統的にウシの起源を生み出したと考えることはどうやら不可能である．分岐は終えていても，家畜化の九分九厘は近東のTあるいはQのハプログループにおいて生起し，それがその後の人為的移動によって，各地域に広まったと考えるべきである．持ち込まれた地域で当地の野生原牛と交雑することは生じただろうが，それは本質的プロセスではなく，ハプログループT以外をもつ原牛集団による現在の家畜集団への遺伝学的寄与は限られてきたと理解するのが妥当だろう．

　他方，ミトコンドリアDNAに限らず，ウシの系統論は様々な論議を繰り広げている．注目度が高いのは，ヨーロッパでの家畜ウシの飼育史や人

為的移動に関する論議である．考古学は，北アフリカを含む地中海周辺での動物の家畜化や作物栽培の先進性に着目し，ウシを筆頭に多くの家畜種のヨーロッパでの発展の礎として，およそ7000から8000年前の地中海地域の劇的な農耕・牧畜の発展を挙げる考え方が強くなっている（Scheu *et al.* 2008; Zeder, 2008）．

Y染色体遺伝子のSNP解析からは，ヨーロッパの乳牛集団の系統性の解明が進んでいる（Edwards *et al.* 2011）．また先のハプロタイプを使った論議では，ウシ集団全体のみならず，たとえばエトルリア時代に根ざし，南欧イタリアなどに末裔を残す古いタイプのヨーロッパ牛については，ミトコンドリアによる流入経路や多様性の解明が進んでいる（Di Lorenzo *et al.* 2018）．

また，時代の新しい話としては，過去およそ400年のレベルでの新大陸の品種集団創生に関する遺伝学的系統は，核ゲノムのSNP解析によって追跡され，ゼブー系統とともにヨーロッパ原牛系統を含む，複数の起源群が短期間に持ち込まれたことが証明されている（McTavish *et al.* 2013）．

系統論ではないが，本書刊行時には牛乳の利用はメソポタミア地方が契機になっていると語った．同地域がミルクの利用において古いことは疑いないが，今日では，信仰の対象や畜力としての利用や食肉としての消費から切り離して，ミルク利用だけが段階的に遅れて最後に付いていったというストーリーはかつてほど支持されていない．遺跡資料の脂肪酸の検出結果から，たとえばアナトリア半島では紀元前6000年頃，南東ヨーロッパ各地では紀元前5000年から5500年には，ヤギやヒツジを含め反芻獣のミルクの利用が一般化していたことが，高い確度をもって推定されている（Evershed *et al.* 2008）．トルコやシリアなどのウシ家畜化の起源地でいえば，おそらくは紀元前7500年には牧畜が急激に拡大しているが，それは既に反芻獣のミルクの利用と切り離して考えられるものではないと結論付けられるようになっている（Vigne and Helmer 2007; 本郷 2018）．新石器時代にウシを移動すれば，まったく同時に牛乳の利用が伝播したと考えるのが至当であろう．屠殺を要さない食糧生産としてのミルク利用は，早期から飼育と育種の強い動機足り得たと考えることができるのである．ウシを移動させる人間の動機を考えるとき，年代が古いからといってミルク利

用を切り離す必然性はないと見なしてよいだろう．

遺伝資源知的競争への違和感

　最後にひとつ，家畜の起源に関する研究の実際的推進手法が近年大きく変わったことを付記しておこう．これはウシに限ったことではなく，ブタ，ニワトリ，ウマなどでも起きる傾向があるが，関わる人員の数からも，投じられる予算のサイズからも，家畜の起源については研究の大規模集約化が頻繁に見られる．背景にあるのは，基礎研究の効率化という意味もないとはいえないが，実際には，遺伝資源を巡る国際的競争において主導権を得ていくうえで，起源の研究に踏み込んでおくことが有利に働くであろうと考える，いわば国際競争上の実利を獲得しようとする企図が見えている．家畜集団の遺伝資源を不可触な知的財産と考え，国家が管理していこうという流れは日に日に強まるが，基礎研究の前線がそれに染められていく様子には困惑を覚える．家畜の起源を巡る基礎研究まで国策や安全保障のきな臭さが感じ取られることに，戸惑いの気持ちを禁じ得ない．学術研究に避けられない非合理を潰し，組織を大型化し，集約投資するという今流の事業手法に対して，学者の生きる精神世界と共存できない空気を感じるのである．

　現地社会に溶け込んで調査を続けている学者像，遺跡をなけなしの力で掘り続けるアカデミズムの真の姿，何かが分かると信じて知への欲求に燃え上がっている学者の孤独ともいえる気力．それらが人類の真理探究を支えてきたと信じて疑わない．そういったものと相容れない国策科学の合理主義が，競争型経済の深化普遍化に伴って，遺伝資源の国家的重要性という高転びの看板を掲げたところで，一時期の騒ぎを過ぎれば雑草も生えない不毛の研究領域に終わることが確実である．

　時代が進むにつれて基礎研究が純粋な学者個人の好奇心という説明では社会から支えられなくなり，何事にも国家や経済や安全安心や生き残りという文言が謳われ，民主的大衆がそこに同意していく様子を，いましばしば見せられている．学問の自由よりも，強い権限による国際競争での"勝利"を市民が望む面があるのだろう．時代が進み，国も国際関係も不変ではあり得ないが，家畜の研究を基礎研究と信じて熱意を燃やしてきた多く

の学者と学問が，家畜の起源を巡る昨今の国家的競争の在り方に違和感を覚えることは少なくない．

　私は，たとえ世界がこうした競争に奔走したとしても，学者の発意に基づく純粋な基礎研究はつねに学問領域に残されていると信じる人間である．つまりは，国策的な巨大事業によって現実的競争に乗り出す手法では，家畜の研究の総合性はけっして満たされないと信じている．経済戦争や農業資源獲得競争における生き残りなどという言葉を遣ってくる価値観に，家畜と人の関係を論ずる力量はけっして育たないという確信をもつ．学者はそしてアカデミズムは，いつの時代にも真理のために闘う．国策などとは無関係に知へ向けられるその熱意によって，基礎純粋学術が家畜の研究においてこれからも継続されていくに違いない．

日本産ウシ集団の起源

　さて，本書刊行時と比べて明瞭な証拠固めが進んだものが，日本のウシの系統論である．刊行時に，見島牛や口之島牛に代表される貴重な日本在来牛集団とその後の和牛各品種には，大陸の祖先においてゼブーからの遺伝学的影響を避けられずに受けているだろうという推察を述べた．血清蛋白多型が道具として使われていた時代には，ゼブーに高率に見られる因子を見島牛でも確認できるという話題が断続的に語られていたことも背景にある．

　この点について，前項のように世界のウシでミトコンドリアゲノムのハプログループの分岐と分布が解明された現在，それを根拠に日本のウシの起源論は疑う必要のない理論に到達している（Mannen et al. 2004; Sasazaki et al. 2006）．そのストーリーは以下の通りである．

　日本産ウシ品種と韓国産ウシ品種に高率に見られるハプログループはT4と呼ばれるものであり，原牛から近東で早期に家畜化されたハプログループTのクラスターに完全に包含される．ゼブー系のハプログループIは日本産のウシからはけっして見出されない．肝心のT4は，近東やヨーロッパやアフリカからは遺跡出土骨を含めてまったく確認されず，地理的分布情報から，極東地域で相対的に後の時代に登場した遺伝子型であると推察される．他方で，モンゴル産ウシ集団からは，20％の頻度でゼブー

型のハプログループが検出されることも判明している．そこから得られる推察は，近東で家畜化されたウシが人間とともに東方へ移動していく途中で南アジア由来のゼブー系と交雑を起こし，一例としてモンゴルに運ばれたという流れである．いずれにせよ，日本に達した集団には，モンゴルや中国と異なり，ゼブー系の遺伝子は流入してこなかったことが証明されている．

　並行してY染色体遺伝子のハプログループ頻度やSNPのデータに着目すると（Chen *et al.* 2018），中国領域には原牛系とゼブー系の該当遺伝子が混在していることが証明される．注目すべきは，中国以東の東アジアの *Bos taurus* 系遺伝子である．東アジアの原牛系遺伝子について，中国から韓国・日本に至る地域には東アジアに特異なハプログループやSNP変異が確認され，ヨーロッパの集団とは明らかに異なる特徴を示す．この解析においても，ミトコンドリア遺伝子と同様に，日本在来牛や和牛集団へのゼブー系の遺伝学的影響はまったくなかったと判断することができる．しかし，その原牛系の遺伝子に関してみると，Y染色体ハプログループやSNPについては，ヨーロッパの原牛集団と日本産集団は大きく異なっているといえるのである．

　また韓国産のウシ集団は日本産とも異なる特徴があり，ハプログループT3が高頻度に見られ，T4は比較的少なめとされている（Sasazaki *et al.* 2006）．このあたりは日本と朝鮮半島の間のウシの交易の歴史にも直結する論題であり，さらなる学融合的検討が待たれるといえる．

　なお，近年見島牛と口之島牛の相互関係については，全ゲノム解読とSNP解析が進み，当然だが両群を互いに近縁とする系統樹が描かれている（Tsuda *et al.* 2013）．マイクロサテライトの変異から算出される見島牛と本土産ウシ集団との推定分岐年代は200年前，およそ西暦1800年前後とされ（Nagamine *et al.* 2008），離島と本土の交流に関する近世・近代の史的実状と矛盾するものではない．

補. 2 ウシ育種の変革

客観的育種

　ウシ畜産業の現場あるいは世界的規模で考えるべき流通・消費に著しい変化を及ぼす基礎的知見が過去20年の間に多数得られたのは，育種の理論づくりにおいてである．この間の変化は分子生物学的手法に依存したものなので，同様の状況自体はブタにもニワトリにも生じているといえる．また，注目される形質がどのような内容であっても，普遍的な遺伝学的育種技術基盤に基づいて実行されることゆえ，この間の育種上の変革は，あらゆる家畜種のあらゆる形質に対して起き得ることである．

　その中でとりわけわが国のウシに生じた論議は，黒毛和種の肉質に関する基礎理論の高度化であるといえるだろう．それは日本で飼育されている他の家畜種や集団と異なり，和牛特に黒毛和種の育種研究への意識と期待が，日本の畜産業のアイデンティティといえるほど特異的で突出していることを示す出来事でもある．

　遺伝資源としての黒毛和種はすでに国外にも持ち出されてはいるが，研究の意識も政策的重点も，黒毛和種の場合にはわが国が先導するという強い意識が全体に感じられることは事実である．それほど長い歴史ではないものの，黒毛和種の肉質に象徴的に期待されてきたのは脂肪交雑つまりは霜降りの改良であり，この間の発展は一言に要約すれば，「高級霜降り牛肉を生産するための遺伝子基盤に基づく黒毛和種の育種改良」の話題となろう．

　そもそも当然であるが，家畜育種は，家畜の種類に依らず，表現型に対する人間の好奇心と動機に基づくものであり続けてきた．表現型に対する人間の思いは多彩で深いものがあるが，如何に数値化定量化しようとも，選抜の方針に対して提供される事象データは，観察可能で人の動機に直接結びつくマクロな表現型であった．それに対し近年の変革は，観察される事象の遺伝学的基盤を遺伝子レベルでできるだけ高精度に特定してしまい，選抜方針を決める本質を表現型から検出可能な遺伝子の特性に移すことによってもたらされた．この意味では，動植物の人為的育種が2万年近い歴

史をもつとして，その常識を覆す巨大な出来事であるといっても外れてはいないだろう．

脂肪交雑へのアプローチ

肉質の高度化として霜降り形質に着目したわが国は，過去20年，客観的育種をこの局面に導入した．主だった基礎技法は量的形質遺伝子座（Quantitative Trait Loci）解析，すなわちQTL解析である．黒毛和種の様々な形質に対して大量のデータを高精度に集め，脂肪交雑に関連すると考えられるQTLを見出している（Takasuga et al. 2007）．他方で，QTLマッピングはそもそも責任遺伝子を確実に決定する手法ではないため，QTLを情報源にしたいわゆるマーカーアシスト選抜が実際に有効に働くとは限らず，マーカーアシスト選抜が現実に進捗するわけではない．

QTL解析と対置されるのが一塩基多型（Single Nucleotide Polymorphisms）の検出，すなわち，SNP解析である．SNP解析は，形質を発現するターゲットに対する網羅的な遺伝子のスクリーニング作業となる．一塩基多型が存在しても検出者が想定している器官や部位に発現量の違いを見せるとは限らないなど，QTLとは違った弱点をもつことも確かである．SNPsの網羅的検出とともに，QTLによる遺伝子領域の絞り込みを併せて行うことが現実のものだろう．SNP解析によって，脂肪交雑に関しては，*FABP4*（Michal et al. 2006），*EDG1*（Yamada et al. 2008, 2009a; Watanabe et al. 2010），*RPL27a*（Yamada et al. 2009b），*AKIRIN2*（Sasaki et al. 2009），*PNLIP*（Muramatsu et al. 2016）が有意な多型をもつ遺伝子として捕捉され，脂肪交雑の評価を高める選抜マーカーとして期待されてきた（Yamada, 2014）．以後もこうした選抜マーカー候補の遺伝子の特定は続き，また*FABP4*のようにいくつかの遺伝子では，逆に脂肪交雑への影響を否定する見解も発表されている．

さらに進展が見られるのは実際の評価の客観性を高める手法の開発である．肉質判定が主観に依存しやすいことに対して，肉質の画像定量解析を導入し，ゲノムワイド関連解析（Genome Wide Association Study），すなわちGWASと結び付け，選抜の定量性を高めるという試みが論議される（Nakajima et al. 2018）．

QTL 解析，SNP 解析や GWAS が実際の手法として研究者の手の届くところに現出したのは，大体にして 2000 年以降の話である．QTL 解析は有力ではあるが，実際の集団の改良には，単純な解析に対していくつもの現実的難関が控えているとよくいわれている．しかしその批判は本質的ではない．現実の適用に困難があろうとなかろうと，選抜に有効な遺伝子を見出していくことに手技的な道が開かれた段階で，人類と家畜との接点は新たなフェーズに入っていると考えるべきである．少なくとも育種の基礎理論を扱う人間であれば，この発展の重大な意味は，些末な実行施策上の困難を一蹴するだけの意義をもっていることを理解するであろう．

　しかし，これは育種学・遺伝学のステップとしては意義をもつが，家畜化や社会と家畜の関係を論ずる学問としては，大して大きな境界線になり得ないことが明らかである．こうした新たな量や質を具備した遺伝子解析技法が進み，それが選抜導入されるかという必然的状況において，経済的合理性を通して家畜を見る人間の目が，家畜を直視する意識をますます失わせる契機となっていることが指摘できる．育てられる家畜への視線と育種改良の意識が，より乖離したことが指摘されるのである．おそらくこのことは，人とウシの関係にとって幸福なものではない．ウシを巡る考え方の幅を維持できるかどうか，現代社会と人間の価値観の本質が問われているといえるだろう．

ウシを理解していくための課題

　およそ 20 年を振り返ると，ウシを知るために欠けていることは，ヒューマンアニマルボンドの観点であることが，改めて鮮明となる．

　過去およそ 20 年間は，家畜を見る人間の目が，育種と切り離される段階が際立って強化された時代であると述べた．そのことは世界津々浦々まで，人間が家畜を見る意識を希薄にしていく負の意識を全人類的に助長するだろうと，私は危惧する．

　そういう時代に，先進国でも続く特定地方品種への誇りにふれて本章を終えておきたい．なぜならば，過去と未来への客観性の拡張，すなわち，ウシの起源の史的系統論と分子遺伝学による育種理論が同時に顔を覗かせる，ウシと人の関係の今日的断面がそこに見えてくるからである．

図補-1 北イタリア・トスカーナ地方で飼育されるキアニーナ
育種，飼育から消費に至る様々な場面で，肉牛生産の現代的な合理性が二の次とされている様子を垣間見ることができる．キアニーナはこのように育て，このように食べるというところまで，地域の円熟した精神世界が成立している．

　先に，起源的系統論を語るときのハプログループに関して，イタリアの地方品種が，世界のほとんどの家畜ウシ集団とは異なる，特異な遺伝子を小規模ながら維持していることがあると記した．形態学的にもこの地域の品種集団は原牛と似たサイズやプロポーションを備えているという話題もある．

　2000年以降に私が訪れた各地のウシ牧場のなかに，イタリア・トスカーナのキアニーナを飼う現場がある（図補-1）．学者とはいえ，ウシの現場を見て愉しむ私の日々の中でも，印象に残る経験であった．国境線や行政区画と必ずしも一致するわけではないが，南ヨーロッパの肉牛とそれを飼う人間たちの精神世界は，地域ごとに厳格に確立されている．改めてこのことは，学問的に語り継いでいくに値するといえるだろう．

　キアニーナは世界最大級のサイズをもつウシ品種であることと，欧州の高級牛肉として売られることで話題に上ることが多い．しかし，現実にいま飼われている集団では，必ずしも体サイズの大きいものばかりではない．

また，キアニーナは，確かに一部に高級ブランド化の流れがある一方で，多少の付加価値は付いても市民の手の届くものであり続けたいという意識は，飼う側からも消費する側からも畜産行政の側からも一貫して受け止めることができる．

　北イタリアの地方農家を巡れば，農家には隣村の農家との間の嫁取り，婚姻関係が過去帳のように残されている．それと同様に扱われるかのように，何百年も前に農家間で譲渡・移動したウシの個体の名前が書き残され，体サイズの値などとともに大切に記録されている．価格のような目に見える現実とは離れたところに，歴史が物語る大切な世界観を突き付けられたと私は感じている．トスカーナの農村に見られたのは，合理性とは一線を画す，ウシとともに暮らす人間の「誇り」であった．この地方に現出しているのは，キアニーナ抜きでは暮らしも農業も社会もそして人生もあり得ないという，空気より普遍的な飼う者の「誇り」であった．原因かつ帰結として，技術面を語れば，人工授精を行わない，濃厚飼料は使わない，飼育期間が長くても構わない，などと，日本のウシ畜産からは想像できない非合理性を貫いている．霜降りの黒毛和種を分子遺伝学の客観性をもってして極限まで合理的に改良しようとする日本畜産の未来との間には，単純に連結融合し得ないだけの隔絶を見せつけられた．

　ウシを育てる者の「誇り」．これは，たとえば肉牛は屠殺しないと育種効果が判定できないから弱小地方品種の生残を許しているとか，国民所得が上がれば人間は何でもいいから肉を喰うようになるなどという浅薄な分析と説明が，ウシと人の関係の理解に如何に無力かということを物語っている．単純な畜産技術的発達や市場原理的合理性によって生き方も価値観も固定化しない空気を，まさに感じ取ることができる場面だといえる．合理性のないウシを残し，合理性のない飼い方を続け，合理性のないウシを見る世界観を継承する．そのことがこの地域に残されているのを見て，また新たな知の好奇心を，ウシの姿に湧き立たせることができたのである．

　各地各国のウシ畜産は，自然環境，国民性，社会基盤，文化深度，政治情勢などから緻密に論じるべきことであるのは，本書でも繰り返し述べてきたことであり，欧州のウシ畜産に関しても同じである．ただ，本章を終えるにあたり，北イタリアの小さな地方畜産を採り上げることで，およそ

20 年間にウシの周囲に私が感じた,"進歩"への違和感,"合理性"への戸惑い,"国策"への困惑を,自分なりに整頓してみようとした次第である.

あとがき

「どうです．獣医学で好きなことをやってみませんか？」

冷えきった通りは，先を急ぐコートの襟であふれている．ボーッとしていると弾き飛ばされそうに，時間が自分より速い．無関心な空気のなかの，石ころのように冷たいその街に，教授がかけてくれる言葉を，何度も反芻する自分がいる．

20 歳の私．

獣医学の将来に問題意識をもつことはほとんどない．ほかの学生と学問の好みがちがうという認識はあっても，学問の行く末を予測する責任など感じない．ただただ，自分の知の欲求が落ち着く先を探している．

「ほんとうのことを自分の目で確かめたい」

そういう科学への欲求だけが，20 歳の私を動かしている….

いま，新しい世紀が訪れたところで，その日，急にウシに変化があるわけではない．しかし，21 世紀が始まるちょうどその日も，ウシをとりまく学問は，大きなうねりにもまれているはずだ．うねりをつくるもっとも大きな役割を担うのは，まさしく，20 歳の学生たちの思いである．いま私は，熱い思いを抱いてウシをみる人間を，アニマルサイエンスの世界に，どうしても育てたいのだ．

「ほんとうのことを自分の目で確かめたい」

そんな気持ちでウシを学ぶ学生は，獣医学・畜産学と同化する若者は，新世紀の初頭に，いったいどのくらいいるのだろうか．

相変わらず，いまでも私は将来を予測することが好きではない．ただ同時にのんきなだけのオプティミストでもない．21 世紀のウシ学が，じつは窮地に立たされている予感がしてならないのだ．解剖学も品種学も，後世を担う十分な人材と研究空間を育んでいるだろうか．獣医学・畜産学全体が，モダンバイオロジーに吸収されている様相すら，みえてくる．心臓

が冷え切るほど恐ろしいのは，人々の無関心だ．無関心の嵐のなかで，ウシ学が滅んでいく．一日一日砂を噛むように生き続けるうちに，暗い未来の予感は，強い確信に変わってくる．新世紀のウシ学の窮地は，そのまま獣医学・畜産学の哀しい未来でもあるのだ．

　本書を手にするみなさんと，これからは「ウシ学」を楽しむ時間を，共有することができると思う．大切な紙資源を消費して，ウシにまつわる"知識"を伝えるつもりは，私には端からない．私のねらいはただ1つ．本書の一字一句が，ウシを通して，獣医学・畜産学を担う若い人たちに，学問への熱い思いをひき起こすことである．

　ちょうど，20歳の私に，教授がかけてくれた一言と同じように．

＊

　ウシ飼いの少年を主人公に，虚構の世界を逍遙しかけた，そんな矢先のことだった．編者から突然の執筆依頼をいただいた．1年してできあがったのは，小説とは似ても似つかぬ学問の本だ．窓外の梅雨空をながめながら，これでひとまず筆をおくこととしたい．本書をかたちにするために，あまりにも多くの方々の力に頼ってしまった．深くお礼を申し上げる．

　カバー，そして全編にわたりすばらしい挿絵を描いてくださった，国立科学博物館の渡辺芳美さんには，なによりお礼の言葉もない．同じ職場の小郷智子さん，佐々木基樹さん，吉田智子さんには，つねに激励していただいた．北海道大学の近藤誠司先生とは本シリーズを一緒につくることになったが，私の不得手な家畜行動について，麻布大学の植竹勝治先生とともに貴重なご助言をくださった．日本大学の木村順平先生には，家畜ウシの消化器官の標本をみせていただいた．日本獣医畜産大学の今井壮一先生は，寄生原虫の美しい写真をこころよく貸してくださった．東京大学の澤崎徹先生には，お忙しいところ牧場のフィールドがいかに大切なものであるかを，あらためて学ばせていただいた．東京農業大学の田中一栄先生は，貴重なフィリピン産イノシシ類の標本をみせてくださった．名古屋大学の並河鷹夫先生には，在来家畜研究会をはじめとする遺伝学的成果の数々を示していただいた．ウシを切り口にした興味深い「牛の博物館」をつくられた黒澤弥悦先生は，「ウシ研究の今日」を教えてくださった．理化学研

究所の小川健司さんと種村健太郎さんには，発生工学と細胞培養について，くわしいお話をいただいた．アジアを中心に，ときに現地でときに講義室で，私に家畜なるもののおもしろみを一からお示しになった恩師，西田隆雄先生と正田陽一先生は，私の筆全体に，とても大きな影響を与えてくださった．つけ加えれば，休日も夜中も，ウシの頭蓋を傍らにディスプレイを凝視しつづけた私を，放ったらかしにしてくれたのは，妻の理解だ．

　東京大学出版会編集部の光明義文さんは，書き手の好敵手である．20代のとき，稚拙なペンを走らせた私の枡紙を，「つまらない」と一刀両断に葬ったのは，光明さんだけだった．信念に貫かれたその姿勢が，これからも実りある書物を築いていくものと信じる．

　さて，ウシ飼いの少年を描かなければ….

遠藤秀紀

第2版あとがき

　2001年からのウシの動物学の変化は，表向きは派手に見えても，本質部分での重要性は限定的だったのではなかろうか．こうして見ると，この間の変化はどうやら分子系統学・分子生物学を利用したウシの系統樹づくりと産業上の応用技術に絞られてくることが明らかとなる．それは今流には重視されることであるが，ウシと人の関係学としては一面的なものに終止しているといえなくもない．20年弱という時間はあくまでも限られているわけで，それを消費して人間がつかむ考え方の量は，頑張ってもそのくらいだといえるのかもしれない．
　もちろん，これは時代を変えることができていないという，自分なりの反省を込めての思いである．
　やはり，空恐ろしいのは，アニマルサイエンスシリーズが始まった当時に感じていた，世の中の学問や文化の矮小化である．それは，自分でも懐かしくなる刊行時の「あとがき」にも，すでに十二分に予測として描かれたことであるが．
　現実に，大学の牧場が小さくなり，世界中で見られるウシのバラエティが乏しくなり，ウシに向ける価値観に奥行きが乏しくなり，ウシを見る人間社会の目に余裕が失われてしまった．しかもそのペースは2001年に心配されていたよりも速く，またその破壊の意味は思っていたよりも悪質とも受け止められる．合理性が世の中に，とりわけ人間の心に白か黒かの二律背反を強い，人間はそれを覆す論理も方便も使うことができない．この後，家畜は経済の一道具として，ゼロか百かしかない判断でさらにきつく貶められよう．これは実は，社会における，知，文化，自由，そして人の心の欠失に繋がっていると予想できる．
　17年前に確信した通り，ウシは，家畜は，豊かな文化，深い学問，健全な社会，そして個人の幸せを的確に映し出す鏡となっている．人間がウ

シを家畜を大切にする世界観を失うとき，その「心の貧困」は，飼われているウシの姿として人間に突き返されてくるに違いない．残念ながら今の時代に，幸福に生きる人とウシを見る場面，そしてそれを実感する機会はとても少ない．

　いや，だからこそ，「ウシの動物学」が未来に向けていくばくかでも貢献していくことを期待し，信じるのである．その担い手は，この拙作の字面を追う若い世代であると念じつつ．

遠藤秀紀

引用文献

Achilli, A., A. Olivieri, M. Pellecchia, C. Uboldi, L. Colli, N. Al-Zahery, M. Accetturo, M. Pala, B. H. Kashani, U. A. Perego, V. Battaglia, S. Fornarino, J. Kalamati, M. Houshmand, R. Negrini, O. Semino, M. Richards, V. Macaulay, L. Ferretti, H.-J. Bandelt, P. Ajmone-Marsan and A. Torroni. 2008. Mitochondrial genomes of extinct aurochs survive in domestic cattle. Curr. Biol. 18: R157–R158.

Achilli, A., S. Bonfiglio, A. Olivieri, A. Malusà, M. Pala, B. H. Kashani, U. A. Perego, P. Ajmone-Marsan, L. Liotta, O. Semino, H.-J. Bandelt, L. Ferretti and A. Torroni. 2009. The multifaceted origin of taurine cattle reflected by the mitochondrial genome. PLoS ONE 4: e5753.

Aguzzi, A. and S. Brandner. 1999. Shrinking prions: new folds to old questions. Nature Medicine 5: 486–487.

Ajmone-Marsan, P., J. F. Garcia, J. A. Lenstra and The GlobalDiv Consortium. 2010. On the origin of cattle: how aurochs became cattle and colonized the world. Evol. Anthropol. 19: 148–157.

Alexander, B. 1987. A beast for all seasons. Internat. Wildl. 17: 44–51.

Ali, J. L., F. E. Eldridge, G. C. Koo and B. D. Schanbacher. 1990. Enrichment of bovine X- and Y-chromosome-bearing sperm with monoclonal H-Y antibody-fluorescence-activated cell sorter. Arch. Androl. 24: 234–245.

天野　卓・山田和人・並河鷹夫・鄭　錫瀾．1990．チベット産牛，ヤクおよび牛×ヤック雑種の血液蛋白多型．在来家畜研究会報告 13: 1-11.

天野　卓・堂向美千子・黒木一仁・田中和明・並河鷹夫・山本義雄・C. Ba Loc・H. Van Son・N. Huu Nam・P. Xuan Hao・D. Vu Binh. 1998. ベトナム在来牛の血液蛋白支配遺伝子構成とその系統遺伝学的研究．在来家畜研究会報告 16: 49-62.

Amasaki, H. and M. Daigo. 1988. Morphogenesis of the epithelium and the lamina propria of the rumen in bovine fetuses and neonates. Anat. Histol. Embryol. 17: 1–6.

Amasaki, H., S. Gozawa, R. Akuzawa, K. Suzuki, M. Daigo and A. Andren. 1990. Immunochemical and immunohistochemical studies on two gastric enzymes in neonate, young and adult goats. Asian-Australian J. Anim. Sci. 3: 281–286.

Arbuckle, B. S., M. D. Price, H. Hongo and B. Öksüz. 2016. Documenting the initial appearance of domestic cattle in the Eastern Fertile Crescent (northern Iraq and western Iran). J. Archaeol. Sci. 72: 1-9.

Arias, J. L., R. Cabrera and A. Valencia. 1978. Observation on the histogenesis of bovine ruminal papillae. Morphological change due to age. Anat. Histol. Embryol. 7: 140-151.

Arias, J. L., E. Vial and R. Cabrera. 1980. Observation on the histogenesis of bovine ruminal papillae. Am. J. Vet. Res. 41: 174-178.

浅川　豊．1982．炭疽．（村上　一・勝部泰次・影井　昇・丸山　務，編：人畜共通伝染病）pp. 95-98．近代出版，東京．

Auernheimer, O. 1909. Grössen- und Form-veränderungen der Baucheingeweide der Wiederkäuer nach der Geburt biz zum erwachsenen Zustand. Diss. Med. Vet., Zürich.

東　量三・尾形　学・小西信一郎・坂崎利一・田村和満・原澤　亮．1987．家畜微生物学［三訂版］．朝倉書店，東京．

Baccus, R., N. Ryman, M. H. Smith, C. Reuterwall and D. Cameron. 1983. Genetic variability and differentiation of large grazing mammals. J. Mamm. 64: 109-120.

Bailey, J. F., M. B. Richards, V. A. Macaulay, I. B. Colson, I. T. James, D. G. Bradley, R. E. M. Hedges and B. C. Sykes. 1996. Ancient DNA suggests a recent expansion of European cattle from a diverse wild progenitor species. Proc. Royal Soc. Lond. Ser. B 263: 1467-1473.

Baker, J. S. 1979. Abomasal impaction and related obstructions of the forestomaches in cattle. J. Am. Vet. Med. Assoc. 175: 1250-1253.

Barone, R. 1976. Anatomie Comparée des Mammifères Domestiques. T. III. Splanchnologie: Fasc. 1. Appareil Digestif, Appareil Respiratoire, Vigot frères, Paris.

Barone, R. 1978. Anatomie Comparée des Mammifères Domestiques. T. III. Splanchnologie: Fasc. 2. Appareil Uro-génital, Fœtus et ses Annexes, Topographie Abdominale, Vigot frères, Paris.

Beilharz, R. G. and P. J. Mylrea. 1963. Social position and behavior of dairy heifers in yard. Anim. Behav. 11: 522-528.

Bekele, A. 1983. The comparative functional morphology of some head muscles of the rodents *Tachyoryctes splendens* and *Rattus rattus*. Mammalia 47: 395-419.

Bell, F. R. and S. E. Holbrooke. 1979. The sites in the duodenum of receptor areas which affect abomasal emptying in the calf. Res. Vet. 27: 1-4.

Benzie, D. and A. T. Phillipson. 1957. The Alimentary Tract of the Ruminant.

Oliver and Boyd, Edinburgh.
Berg, R. 1973. Angewandte und Topographische Anatomie der Haustiere. Gustav Fischer Verlag, Jena.
Bjorkman, N. 1954. Morphological and histochemical studies on the bovine placenta. Acta Anat. 22: 1-33.
Blamire, V. R. 1952. The capacity of the bovine stomaches. Vet. Rec. 64: 493-494.
Bock, C. E. and J. H. Bock. 1988. Grassland birds in southeasteen Arizona: impacts of fire, grazing and alien vegetation. ICBP Tech. Publ. 7: 43-58.
Bonfiglio, S., A. Achilli, A. Olivieri, R. Negrini, L. Colli, L. Liotta, P. Ajmone-Marsan, A. Torroni and L. Ferretti. 2010. The enigmatic origin of bovine mtDNA Haplogroup R: sporadic interbreeding or an independent event of *Bos primigenius* domestication in Italy? PLoS ONE 5: e15760.
Bons, N., N. Mestre-Francés, C. Y. Charnay and F. Tagliavini. 1996. Spontaneous spongiform encephalopathy in a young adult rhesus monkey. Lancet 348: 55.
Boonsong, L. and J. A. McNeely. 1988. Mammals of Thailand. 2nd ed. Saha Karn Bhaet, Bangkok.
Bouisset, S. and L. Daviaud. 1980. Correction chirurgicale des déplacements de la caillette. Le Point Vétérinaire 11: 83-85.
Bouissou, M. F. 1972. Influence of body weight and presence of horns on social rank in domestic cattle. Anim. Behav. 20: 474-477.
Bradley, D. G., D. E. Machugh, E. P. Cunningham and R. T. Loftus. 1996. Mitochondrial diversity and the origins of African and European cattle. Proc. Natl. Acad. Sci. USA. 93: 5131-5135.
Bressou, C. 1978. Les Ruminants. T. II. De l'Anatomie Réginale des Animaux Domestiques de L. Montane, E. Bourdelle, C. Bressou 2 éd. Baillières, Paris.
Broom, D. M. and J. D. Leaver. 1978. Effect of group-rearing or partial isolation on social behavior of calves. Anim. Behav. 26: 1255-1263.
Brownlee, A. 1956. The development of the rumen papillae in cattle fed on defferent diets. Brit. Vet. J. 112: 369-375.
Cai, X., H. Chen, C. Lei, S. Wang, K. Xue and B. Zhang. 2007. mtDNA diversity and genetic lineages of eighteen cattle breeds from *Bos taurus* and *Bos indicus* in China. Genetica 131: 175-183.
Carlson, B. M. 1988. Patten's Foundations of Embryology. 5th ed. McGraw-Hill, New York.
Carroll, R. L. 1987. Vertebrate Paleontology and Evolution. W. H. Freeman,

New York.

Cheetham, S. E. and D. H. Steven. 1966. Vascular supply to the absorptive surfaces of the ruminant stomach. J. Physiol. Lond. 166: 56-58.

Chen, S., B.-Z. Lin, M. Baig, B. Mitra, R. J. Lopes, A. M. Santos, D. A. Magee, M. Azevedo, P. Tarroso, S. Sasazaki, S. Ostrowski, O. Mahgoub, T. K. Chaudhuri, Y.-P. Zhang, V. Costa, L. J. Royo, F. Goyache, G. Luikart, N. Boivin, D. Q. Fuller, H. Mannen, D. G. Bradley and A. Beja-Pereira. 2010. Zebu cattle are an exclusive legacy of the South Asia Neolithic. Mol. Biol. Evol. 27: 1-6.

Chen, N., Y. Cai, Q. Chen, R. Li, K. Wang, Y. Huang, S. Hu, S. Huang, H. Zhang, Z. Zheng, W. Song, Z. Ma, Y. Ma, R. Dang, Z. Zhang, L. Xu, Y. Jia, S. Liu, X. Yue, W. Deng, X. Zhang, Z. Sun, X. Lan, J. Han, H. Chen, D. G. Bradley, Y. Jiang and C. Lei. 2018. Whole-genome resequencing reveals worldwide ancestry and adaptive introgression events of domesticated cattle in East Asia. Nature Communications 9: 2337.

クラットン-ブロック，J. 1989. 増井久代，訳・増井光代，監訳．動物文化史事典．原書房，東京．Clutton-Brock, J. 1981. Domesticated Animals. British Museum, London.

コルバート，E. H.・M. モラレス．1994. 田隅本生，監訳．脊椎動物の進化 ［原著第4版］．築地書館，東京．Colbert, E. H. and M. Morales. 1991. Evolution of the Vertebrates. 4th ed. Wiley-Liss, New York.

Collinge, J., M. A. Whittington, K. D. C. L. Sidle, C. J. Smith, M. S. Palmer, A. R. Clarke and J. G. R. Jefferys. 1994. Prion protein is necessary for normal synaptic function. Nature 370: 295-297.

Corbet, G. B. and J. E. Hill. 1992. A World List of Mammalian Species. 3rd ed. Oxford University Press, Oxford.

Corliss, J. O. 1979. The Ciliated Protozoa. Pergamon Press, Oxford.

Dabrowska, B., W. Harmata, Z. Lenkiewicz, Z. Schiffer and R. J. Wojtusiak. 1981. Colour perception in cows. Behav. Processes 6: 1-10.

Dawson, F. L. M. 1959. The normal bovine uterus: physiology, histology and bacteriology. Vet. Rev. Annots. 5: 73-81.

Dellmann, H. D. 1993. Textbook of Veterinary Histology. 4th ed. Lea & Febiger, Philadelphia.

Di Lorenzo, P., H. Lancioni, S. Ceccobelli, L. Colli, I. Cardinali, T. Karsli, M. R. Capodiferro, E. Sahin, L. Ferretti, P. A. Marsan, F. M. Sarti, E. Lasagna, F. Panella and A. Achilli. 2018. Mitochondrial DNA variants of Podolian cattle breeds testify for a dual maternal origin. PLoS ONE 13: e0192567.

Dickson, D. P., G. R. Barr and D. A. Wieckert. 1967. Social relationship of

dairy cows in feed lot. Bevaviour 29: 195-203.
Dogiel, V. A. 1927. Monographie der Familie Ophryoscolecidae. Arch. Protistenk. 59: 1-288.
Dung, V. V., P. M. Giao, N. N. Chinh, D. Tuoc, P. Arctander and J. MacKinnon. 1993. A new species of living bovid from Vietnam. Nature 363: 443-445.
Dung, V. V., P. M. Giao, N. N. Chinh, D. Tuoc and J. MacKinnon. 1994. Discovery and conservation of the Vu Quang ox in Vietnam. Oryx 28: 16-21.
Dyce, K. M., W. O. Sack and C. J. G. Wensing. 1987. Textbook of Veterinary Anatomy. W. B. Saunders, Philadelphia.
Edwards, C. J., R. Bollongino, A. Scheu, A. Chamberlain, A. Tresset, J.-D. Vigne, J. F. Baird, G. Larson, S. Y. W. Ho, T. H. Heupink, B. Shapiro, A. R. Freeman, M. G. Thomas, R.-M. Arbogast, B. Arndt, L. Bartosiewicz, N. Benecke, M. Budja, L. Chaix, A. M. Choyke, E. Coqueugniot, H.-J. Döhle, H. Göldner, S. Hartz, D. Helmer, B. Herzig, H. Hongo, M. Mashkour, M. Özdogan, E. Pucher, G. Roth, S. Schade-Lindig, U. Schmölcke, R. J. Schulting, E. Stephan, H.-P. Uerpmann, I. Vörös, B. Voytek, D. G. Bradley and J. Burger. 2007. Mitochondrial DNA analysis shows a Near Eastern Neolithic origin for domestic cattle and no indication of domestication of European aurochs. Proc. R. Soc. B 274: 1377-1385.
Edwards, C. J., D. A. Magee, S. D. E. Park, P. A. McGettigan, A. J. Lohan, A. Murphy, E. K. Finlay, B. Shapiro, A. T. Chamberlain, M. B. Richards, D. G. Bradley, B. J. Loftus and D. E. MacHugh. 2010. A complete mitochondrial genome sequence from a Mesolithic wild aurochs (*Bos primigenius*). PLoS ONE 5: e9255.
Edwards, C. J., C. Ginja, J. Kantanen, L. Pérez-Pardal, A. Tresset, F. Stock, European Cattle Genetic Diversity Consortium, L. T. Gama, M. C. T. Penedo, D. G. Bradley, J. A. Lenstra and I. J. Nijman. 2011. Dual origins of dairy cattle farming – evidence from a comprehensive survey of European Y-chromosomal variation. PLoS ONE 6: e15922.
江口保暢．1985．新版家畜発生学．文永堂，東京．
Ellenberger, W. and H. Baum. 1977. Handbuch der Vergleichenden Anatomie der Haustiere. 18. Auflage (O. Zierzschmann, E. Ackerknecht and H. Grau eds.). Springer Verlag, Berlin.
Endo, H. 1998. Specimen Catalogue of Artiodactyls, Perrisodactyls and Proboscideans. National Science Museum, Tokyo.
Endo, H., D. Yamagiwa, M. Fujisawa, J. Kimura, M. Kurohmaru and Y. Haya-

shi. 1997. Modified neck muscular system of the giraffe (*Giraffa camelopardalis*). Ann. Anat. 179: 481-485.

遠藤秀紀・佐々木基樹. 2001. 哺乳類分類における高次群の和名について. 野生動物医学会誌 6: 45-53.

圓通茂喜. 1989. 黒毛和種における色覚, とくに有彩色と無彩色との識別. 日畜会報 60: 521-528.

Entsu, S., H. Dohi and A. Yamada. 1992. Visual acuity of cattle determined by the method of discrimination learning. Appl. Anim. Behav. Sci. 34: 1-10.

Epstein, H. 1956. The origin of Africander cattle, with comments on the classification and evolution of zebu cattle in general. Z. Tierzüchtg. Züchtgsbiol. 66: 97-148.

Erandson, R. D. 1965. Anatomy and Physiology of Farm Animals. Lea & Febiger, Philadelphia.

Evershed, R. P., S. Payne, A. G. Sherratt, M. S. Copley, J. Coolidge, D. Urem-Kotsu, K. Kotsakis, M. Özdoğan, A. E. Özdoğan, O. Nieuwenhuyse, P. M. M. G. Akkermans, D. Bailey, R.-R. Andeescu, S. Campbell, S. Farid, I. Hodder, N. Yalman, M. Özbaşaran, E. Bıçakcı, Y. Garfinkel, T. Levy and M. M. Burton. 2008. Earliest date for milk use in the Near East and southeastern Europe linked to cattle herding. Nature 455: 528-531.

Fandos, P. and C. R. Vigal. 1993. Sexual dimorphism in size of the skull of Spanish ibex *Capra pyrenaica*. Acta Theriol. 38: 103-111.

FAO. 1996. FAO Yearbook, Production. vol. 50.

Fernandez-Lopez, J. M. and R. Garcia-Gonzalez. 1986. Comparative craniometry between Cantabrian chamois (*Rupicapra rupicapra parva*) and Pyrenean chamois (*Rupicapra rupicapra pyrenaica*). Mammalia 50: 87-98.

Fleischner, T. L. 1994. Ecological costs of livestock grazing in western North America. Conserv. Biol. 8: 629-644.

Florentin, P. 1952. Mise au point sur la situation et les voies de communication intérieures des réservoirs gastriques chez les ruminants domestiques. Rev. Méd. Vét. 103: 530-542.

Florentin, P. 1953. Anatomie topographique des viscères abdominaux du bœuf et du veau. Rev. Méd. Vét. 16: 464-478.

Franck, L. 1883. Handbuch der Anatomie der Haustiere. Schickhardt & Ebner, Stuttgart.

Frewein, J. 1963. Der Anteil des Sympathicus an der autonomen Innervation des Rindermagens. Wien. Tierärztl. Wschr. 50: 398-412.

Friend, T. H. and C. E. Polan. 1978. Competitive order as a measure of social dominance in dairy cattle. Appl. Anim. Ethol. 4: 61-70.
藤本　胖・藤原公策・田島正典，編．1994．家畜病理学各論．朝倉書店，東京．
藤田尚男・藤田恒夫．1984．標準組織学　総論．医学書院，東京．
福田栄紀・伊藤　巌・伊沢　健．1988．放牧牛群の食草時における spatial leadership. I. 群れの社会構造との関連について．日草誌 34: 100-107.
不破敬一郎，編．1994．地球環境ハンドブック．朝倉書店，東京．
Gajdusek, D. C. 1985. Unconventional virus causing subacute spongiform encephalopathies. In: (B. N. Fields ed.) Virology. pp. 1519-1557. Raven Press, New York.
Gajdusek, D. C. and V. Zigas. 1957. Degenerative disease of the central nervous system in New Guinea. The endemic occurrence of "Kuru" in the native population. N. Eng. J. Med. 257: 974-978.
Gautier, A. 1993. Holocene mammals of Sahara in rock art and archeozoology. Mem. Soc. Ital. Sci. Natur. Mus. Civico Storia Naturale Milano 26: 260-267.
Gentry, A., J. Clutton-Brock and C. P. Groves. 1996. Proposed conservation of usage of 15 mammal specific names based on wild species which are antedated by or contemporary with those based on domestic animals. Bull. Zool. Nomenclature 53: 28-37.
Getty, R. 1964. Atlas for Applied Veterinary Anatomiy. 2nd ed. Iowa State University Press, Ames.
Getty, R. 1975. Sisson and Grossman's the Anatomy of the Domestic Animals. 5th ed. W. B. Saunders, Philadelphia.
Gordon, W. S. 1946. Louping-ill, tick borne fever and scrapie. Vet. Rec. 58: 516-525.
Gouffe, D. 1968. Contribution Iconographique à la Connaissance de la Topographie Viscérale des Bovins. Présentation de Coupes Totales, Congelées, Sériées. Thèse doct. vét., Toulouse.
Granados, J. E., J. M. Perez, R. C. Soriguer, P. Fandos and I. Ruiz-Martinez. 1997. On the biometry of the Spanish ibex, *Capra pyrenica*, from Sierra Nevada (Southern Spain). Folia Zool. 46: 9-14.
Grossaman, J. D. 1949. Form development and topography of the stomach of the ox. J. Am. Vet. Med. Assoc. 114: 416-418.
Groves, C. P. 1981. Systematic relationships in Bovini (Artiodactyla, Bovidae). Z. Zool. Syst. Evol. 19: 264-278.
Groves, C. P. and P. Grubb. 1987. Relationship of living deer. In: (C. M. Wemmer ed.) Biology and Managemant of Cervidae. pp. 21-59. Smithson. Inst.

Press, Washington.

Guise, M. B. and F. C. Gwazdauskas. 1987. Profiles of uterine protein in flushings and progesterone in plasma of normal and repeat-breeding dairy cattle. J. Dairy Sci. 70: 2635-2641.

Gustafsson, H., K. Larsson, H. Kindahl and A. Madej. 1986. Sequential endocrine changes and behavior during oestrous and metoestrus in repeat breeder and virgin heifers. Anim. Reprod. Sci. 10: 261-273.

Habel, R. E. 1956. A study of the innervation of the ruminant stomach. Cornell Vet. 46: 555-633.

Habel, R. E. 1970. Guide to the Dissection of Domestic Ruminants. 2nd ed. Published by the author, Ithaca, New York.

Habel, R. E. 1973. Applied Veterinary Anatomy. Published by the author, Ithaca, New York.

Habel, R. E. and H. H. Sambraus. 1976. Sind unsere Haussauger farbenblind? Berl. Münch. Tierärztl. Wschr. 86: 321-325.

Habel, R. E. and D. F. Smith. 1981. Volvulus of the bovine abomasum and omasum. J. Am. Vet. Med. Assoc. 179: 447-455.

Hadlow, W. J. 1959. Scrapie and Kuru. Lancet II: 289-290.

Hafez, E. S. E. 1980. Reproduction in Farm Animals. 4th ed. Lea & Febiger, Philadelphia.

Hasler, J. F. 1992. Current status of embryo transfer and reproductive technology in daily cattle. J. Daily Sci. 75: 2857-2879.

幡谷正明・北　昴・黒川和雄・西川春雄・竹内　啓・渡辺　茂．1987．家畜外科学．金原出版，東京．

Hawks, J. G. 1963. Prehistory. New American Library, New York.

Hayashi, Y., T. Nishida, K. Mochizuki and J. Otsuka. 1981. Measurement of the skull of native cattle and banteng in Indonesia. Jpn. J. Vet. Sci. 43: 901-907.

Hayashi, Y., J. Otuka and T. Nishida. 1988. Multivariate craniometrics of wild banteng, *Bos banteng*, and five types of native cattle in eastern Asia. Jpn. J. Vet. Sci. 59: 660-672.

Hayashi, Y., T. Nishida, T. Shotake, Y. Kawamoto, A. Adachi and B. Kattel. 1992. Multivariate craniometrics of yak cattle and native cattle in Nepal. Rep. Soc. Res. Native Livestock 14: 71-78.

林田重幸．1967．調査結果2　天然記念物としての問題点について．在来家畜調査団報告 2: 66.

林田重幸・大塚閏一．1967．調査結果1　見島牛の体型．在来家畜調査団報告 2: 65.

Hekmati, P. and M. Hedjazi. 1972. Les diverses positions du grand épiploon dans le déplacement. à gauche de la caillette. Conséquences chirurgicales. Cah. Méd. Vét. 41: 223-226.

Helmer, D., L. Gourichon, H. Monchot, J. Peters and M. S. Segui. 2005. Identifying early domestic cattle from pre-pottery Neolithic sites on the Middle Euphrates using sexual dimorphism. *In*:（J. D. Vigne, D. Helmer and J. Peters eds.）The First Steps of Animal Domestication: New Archeological Approaches. pp. 86-95. Oxbow Books, Oxford.

Hemmer, H. 1990. Domestication. Campridge University Press, Campridge.

Hernandez-Ceron, J., L. Zarco and V. Lima-Tamayo. 1993. Incidence of delayed ovulation in Holstein heifers and its effects on fertility and early luteal function. Theriogenology 40: 1073-1081.

Herre, W. 1958. Handbuch der Tierzüchtung I. Paul Parey, Berlin.

本郷一美．2018．家畜化は肉食に貢献したか　狩猟から牧畜への肉食行為の変化．（野林厚志，編：肉食行為の研究）pp. 187-211．平凡社，東京．

Hongo, H., J. Pearson, B. Öksüz and G. Ilgezdi. 2009. The process of ungulate domestication at Çayönü, southeastern Turkey: a multidisciplinary approach focusing on *Bos* sp. and *Cervus elaphus*. Anthropozoologica 44: 63-78.

星　修三・山内　亮．1990．改訂新版家畜臨床繁殖学．朝倉書店，東京．

Houpt, K. A. and T. R. Wolski. 1982. Domestic Animal Behavior for Veterinarians and Animal Scientists. Iowa State University Press, Ames.

Howes, E. A., N. G. Miller, C. Dolby, A. Hutchings, G. W. Butcher and R. Jones. 1997. A research for sex-specific antigens on bovine spermatozoa using immunological and biochemical techniques to compare the protein profiles of X and Y chromosome-bearing sperm populations separated by fluorescence-activated cell sorting. J. Reprod. Fert. 110: 194-204.

Hungate, R. E. 1966. The Rumen and its Microbes. Academic Press, New York.

Imai, S. 1985. Rumen ciliate protozoa fauna of Bali cattle（*Bos javanicus domesticus*）and water buffalo（*Bubalus bubalis*）in Indonesia, with the description of a new species, *Entodinium javanicum* sp. nov. Zool. Sci. 2: 591-600.

Imai, S. 1986. Rumen ciliate protozoa fauna of zebu cattle（*Bos taurus indicus*）in Sri Lanka, with the description of a new species, *Diplodinium sinhalicum* sp. nov. Zool. Sci. 3: 699-706.

Imai, S. 1988. Ciliate protozoa in the rumen of Kenyan Zebu cattle, *Bos taurus indicus*, with the description of four new species. J. Protozool. 35: 130-136.

Imai, S. 1998. Phylogenetic taxonomy of rumen ciliate protozoa based on their morphology and distribution. J. Appl. Anim. Res. 13: 17-36.

Imai, S., S. S. Han, K. J. Cheng and H. Kudo. 1989. Composition of the rumen ciliate population in experimental herds of cattle and sheep in Lethbridge, Alberta, Western Canada. Can. J. Microbiol. 35: 686-690.

Imai, S. and G. Rung. 1990. Rumen ciliates from the Mongolian gazelle, *Procapra gutturosa*. J. Vet. Med. Sci. 52: 1063-1068.

Imai, S., Y. Tsutsumi, S. Yumura and A. Mulenga. 1992. Ciliate protozoa in the rumen of Kafue lechwe, *Kobus leche kafuensis*, in Zambia, with description of four new species. J. Protozool. 39: 564-572.

Imai, S., M. Matsumoto, A. Watanabe and H. Sato. 1993. Rumen ciliate protozoa in Japanese sika deer (*Cervus nippon centralis*). Anim. Sci. Technol. 64: 578-583.

Imai, S., N. Abdullah, Y. W. Ho, S. Jalaludin, H. Y. Hussain, R. Onodera and H. Kudo. 1995. Comparative study of the rumen ciliate populations in small experimental herds of water buffalo and Kedah Kelantan cattle in Malaysia. Anim. Feed. Sci. Technol. 52: 345-351.

今泉吉典. 1988. 世界哺乳類和名辞典. 平凡社, 東京.

石居 進. 1993. 希少野生生物の遺伝情報の保存と利用方法の開発.（希少野生動物の遺伝子の多様性とその保存に関する予備的研究報告書）pp. 116-117. 自然環境研究センター, 東京.

板垣 博・大石 勇. 1984. 新版家畜寄生虫病学. 朝倉書店, 東京.

Ito, A., S. Imai and K. Ogimoto. 1993. Rumen ciliates of Ezo deer (*Cervus nippon yezoensis*) with the morphological comparison with those of cattle. J. Vet. Med. Sci. 55: 93-98.

Ito, A., S. Imai and K. Ogimoto. 1994. Rumen ciliates composition and density of Japanese beef black cattle in comparison with those of Holstein-Friesian cattle. J. Vet. Med. Sci. 56: 707-714.

Ito, A., S. Imai, M. Manda and K. Ogimoto. 1995. Rumen ciliates of Tokara native goat in Kagoshima, Japan. J. Vet. Med. Sci. 57: 355-357.

Jacobs, G. H., J. F. II. Deegan, J. Neitz, B. P. Murphy, K. V. Miller and R. L. Marchinton. 1994. Electrophysiological measurements of spectral mechanism in the retinas of two cervids: white-tailed deer (*Odocoileus virginianus*) and fallow deer (*Dama dama*). J. Comp. Physiol. A174: 551-557.

Jacobs, G. H., J. F. II. Deegan and J. Neitz. 1998. Photopigment basis for dichromatic color vision in cows, goats, and sheep. Visual-Neuroscience 15: 581-584.

Jallow, B. P. 1995. Emissions of greenhouse gases from agriculture, land-use change and forestry in Gambia. Envir. Monit. Ass. 38: 301-312.

家畜衛生試験場, 監修. 1968. 原色・ウシの病気. 家の光協会, 東京.

加茂儀一. 1947. 家畜文化史 (上巻). 改造社, 東京.

神立　誠・須藤恒二. 1985. ルーメンの世界──微生物代謝と代謝機能. 農山漁村文化協会, 東京.

加藤陸奥雄, 編. 1984. 日本の天然記念物 1. 講談社, 東京.

加藤嘉太郎. 1957. 家畜比較解剖図説 (上巻). 養賢堂, 東京.

加藤嘉太郎. 1961. 家畜比較解剖図説 (下巻). 養賢堂, 東京.

Kikkawa, Y., T. Amano and H. Suzuki. 1995. Analysis of genetic diversity of domestic cattle in East and Southeast Asia in terms of variations in restriction sites and sequences of mitochondrial DNA. Biochem. Genet. 33: 51-60.

Kishimoto, R. 1988. Age and sex determination of the Japanese serow *Capricornis crispus* in the field study. J. Mammal. Soc. Jpn. 13: 51-58.

Kitchell, R. L., J. Turnbull, R. A. Nordine and S. C. Edgell. 1961. Preparation of naturalmodels of the ruminant stomach. J. Am. Vet. Med. Assoc. 138: 329-331.

Kitchener, A. 1985. The effect of behavior and body weight of the mechanical design of horns. J. Zool. 205: 191-204.

Kittredge, E. 1923. Some experiments on the brightness value of red for the light adapted eye of the calf. J. Comp. Psychol. 3: 141-145.

小林　仁・佐々田比呂志・佐藤英明. 1999. ウシ受精卵の性判別のための迅速 FISH 法. J. Mamm. Ova. Res. 18: 77-81.

Kobryn, H. and A. Lasota-Moskalewska. 1989. Certain osteometric differences between the aurochs and domestic cattle. Acta. Theriol. 34: 67-82.

Kocisko, D. A., J. H. Come, S. A. Priola, B. Chesebro, G. J. Raymond, P. T. Lansbury and B. Caughey. 1994. Cell-free formation of protease-resistant prion protein. Nature 370: 471-474.

近藤誠司. 1987. 牛群の行動適応に関する研究. 北海道大学農学部邦文紀要 15: 192-233.

近藤誠司. 1997. 牛の行動. (三村　耕, 編：改訂版家畜行動学) pp. 138-168. 養賢堂, 東京.

近藤誠司. 1998. 乳牛の行動と群管理. 酪農総合研究所, 札幌.

近藤誠司. 1999. 日本における大家畜の行動研究の流れ. 日本家畜管理研究会

誌 27: 76-82.

Kondo, S., H. Maruguchi and S. Nishino. 1984. Spatial and social behavior of calves in reduced dry-lot space. Jpn. J. Zootech. Sci. 55: 885-891.

Kronfeld, D. S. 1971. Hypoglycemia in ketotic cows. J. Dairy Sci. 54: 949-961.

Lai, S.-J., Y.-P. Liu, Y.-X. Liu, X.-W. Li and Y.-G. Yao. 2006. Genetic diversity and origin of Chinese cattle revealed by mtDNA D-loop sequence variation. Mol. Phylogenet. Evol. 38: 146-154.

Lambert, P. S. 1948. The development of the stomach in the ruminant. Vet. J. 104: 302.

Lasmezas, C. I., R. Demainmay, K. T. Adjou, F. Lamory and D. Dormont. 1996. BSE transmission to macaques. Nature 381: 743-744.

Lasota-Moskalewska, A. and H. Kobryn. 1990. The size of aurochs skeletons from Europe and Asia in the period from the Neolithic to the Middle ages. Acta Theriol. 35: 89-110.

Lassey, K. R., W. J. Ulyatt, R. J. Martin, C. F. Walker and I. D. Shelton. 1997. Methane emissions measured directly from grazing livestock in New Zealand. Atom. Environ. 31: 2905-2914.

Latteur, B. 1996. Contribution à la systématique de la famille des Ophryoscolescidae Stein. Ann. Soc. Roy. Zool. Belg. 96: 117-144.

Lauwers, H., N. R. De Vos and H. Teuchy. 1975. La vascularisation du feuillet du bœuf. Zbl. Vet. Med., C., Anat. Histol. Embryol. 4: 289-306.

Lauwers, H., L. Ooms, P. Simoens and N. R. De Vos. 1979. The functional structure of the pylorus in the ox. Zbl. Vet. Med., C., Anat. Histol. Embryol. 8: 56-71.

Levine, N. D., J. O. Corliss, F. E. G. Cox, G. Deroux, J. Grain, B. M. Honigberg, G. F. Leedale, A. R. Loeblich III, J. Lom, D. Lynn, E. G. Meinfeld, F. C. Page, G. Poljanski, V. Sprague, J. Vabra and F. G. Wallace. 1980. A newly revised classification of the protozoa. J. Protozool. 27: 37-58.

Loftus, R. T., D. E. Machugh, D. G. Bradley, P. M. Sharp and E. P. Cunningham. 1994a. Evidence for two independent domestications of cattle. Proc. Natl. Acad. Sci. USA. 91: 2757-2761.

Loftus, R. T., D. E. Machugh, L. O. Ngere, D. S. Balain, A. M. Badi, D. G. Bradley and E. P. Cunningham. 1994b. Mitochondrial genetic variation in European, African and Indian cattle populations. Anim. Genet. 25: 265-271.

Lundrigan, B. 1996. Morphology of horn and fighting behavior in the family Bovidae. J. Mammal. 77: 462-475.

Machaty, Z., A. Paldi, T. Czaki, Z. Varga, I. Kiss, Z. Barandi and G. Vajta. 1993. Biopsy and sex determination by PCR of IVF bovine embryos. J Rep. Fert. 98: 467-470.

Machugh, D. E., M. D. Shriver, R. T. Loftus, E. P. Cunningham and D. G. Bradley. 1997. Microsatellite DNA variation and the evolution, domestication and phylogeography of taurine and zebu cattle (*Bos taurus* and *Bos indicus*). Genetics 146: 1071-1086.

前田　琢．1996．生態系の破壊と生物多様性の減少．（樋口広芳，編：保全生物学）pp. 41-70．東京大学出版会，東京．

蒔田徳義．1969．台湾畜産の歴史と現状および将来への展望．在来家畜調査団報告 3: 5-22.

萬田正治・奥　芳浩・足立明広・久保三幸・黒肥地一郎．1989．牛の色覚に関する行動学的研究．日畜会報 60: 521-528.

萬田正治・山本幸子・黒肥地一郎・渡辺昭三．1993．行動学的手法で測定した牛の視力値．日本家畜管理研究会誌 29: 55-60.

Mannen, H., M. Kohno, Y. Nagata, S. Tsuji, D. G. Bradley, J. S. Yeo, D. Nyamsamba, Y. Zagdsuren, M. Yokohama, K. Nomura and T. Amano. 2004. Independent mitochondrial origin and historical genetic differentiation in North Eastern Asian cattle. Mol. Phylogenet. Evol. 32: 539-544.

Martin, P. 1919. Lehrbuch der Anatomie der Haustiere, III Band. Schickhardt & Ebner, Stuttgart.

Massei, G., E. Randi and P. Genov. 1994. The dynamics of the horn growth in Bulgarian chamois *Rupicapra rupicapra balcanica*. Acta Theriol. 39: 195-199.

McBride, G. 1966. Society evolution. Proc. Ecol. Soc. Austr. 1: 1-13.

McBride, G. 1968. Behavioral measurement of social stress. *In*: (E. S. E. Hafez ed.) Adaptation of Dmestic Animals. pp. 360-366. Lea & Febiger, Philadelphia.

McGavin, M. D. and J. L. Morril. 1976. Scanning electron microscopy of ruminal papillae in caves fed various amounts and forms of roughage. Am. J. Vet. Res. 37: 497-508.

McKenna, M. C. and S. K. Bell. 2000. Classification of Mammals. 2nd ed. Columbia University Press, New York.

McTavish, E. J., J. E. Decker, R. D. Schnabel, J. F. Taylor and D. M. Hillis. 2013. New World cattle show ancestry from multiple independent domestication events. Proc. Natl. Acad. Sci. USA. 110: E1398-E1406.

Medjugorac, I., W. Kustermann, P. Lazar, I. Russ and F. Pirchner. 1994. Marker-derived phylogeny of European cattle supports demic expansion of agriculture. Anim. Genet. 25, Suppl. 1: 19-27.

Mezhlumyan, S. K. 1989. Primitive aurochs (*Bos primigenius*) in the Holocene of Armenia (USSR). Biologicheskii Zhurnal Armenii. 42: 721-726.

Mian, A. 1988. Steppe conservation in Baluchistan, Pakistan. ICBP Tech. Publ. 7: 181-185.

Michal, J. J., Z. W. Zhang, C. T. Gaskins and Z. Jiang. 2006. The bovine *fatty acid binding protein 4* gene is significantly associated with marbling and subcutaneous fat depth in Wagyu x Limousin F_2 crosses. Anim. Genet. 37: 400-402.

Miura, S. 1986. Body and horn growth patterns in Japanese serow, *Capricornis crispus*. J. Mammal. Soc. Jpn. 11: 1-14.

Miyagi, M. 1966. Changes in the arteria uterine media of cows caused by pregnancy. Jpn. J. Vet. Res. 13: 137-138.

Mochizuki, T. 1927a. A phylogenetic study of the domestic cattle in East Asia. Jpn. J. Zootech. Sci. 2: 187-239.

Mochizuki, T. 1927b. A study of cranial bones of foetus with special reference to the origin of the domestic cattle in East Asia. Jpn. J. Zootech. Sci. 2: 329-336.

Moir, R. J. 1968. Ruminant digestion and evolution. *In*: Hand-book of Physiology, sect. 6. vol. 5. pp. 2673-2694. Amer. Physiol. Soc., Washington.

本橋平一郎．1930．純粋和牛見島種ニ関スル研究．鳥取農学会報 2: 83-122.

本橋平一郎．1939．海南島黄牛ノ体型ニ就キテ．鳥取農学会報 6: 191-204.

Muramatsu, Y., H. Tanomura, T. Ohta, H. Kose and T. Yamada. 2016. Allele frequency distribution in *PNLIP* promoter SNP is different between high-marbled and low-marbled Japanese Black beef cattle. Open J. Anim. Sci. 6: 137-141.

Murphey, H. S., W. A. Aitken and G. W. McNutt. 1926. Topography of the abdominal viscera of the ox. J. Am. Vet. Med. Assoc. 68: 717-740.

Nagamine, Y., K. Nirasawa, H. Takahashi, O. Sasaki, K. Ishii, M. Minezawa, S. Oda, P. M. Visscher and T. Furukawa. 2008. Estimation of the time of divergence between Japanese Mishima Island cattle and other cattle populations using microsatellite DNA markers. J. Hered. 99: 202-207.

内藤元男．1978．世界の牛．養賢堂，東京．

Nakajima, A., F. Kawaguchi, Y. Uemoto, M. Fukushima, E. Yoshida, E. Iwamoto, T. Akiyama, N. Kohama, E. Kobayashi, T. Honda, K. Oyama, H. Mannen and S. Sasazaki. 2018. A genome-wide association study for fat-relat-

ed traits computed by image analysis in Japanese Black cattle. Anim. Sci. J. 89: 743-751.
中村洋吉．1980．獣医学史．養賢堂，東京．
Namikawa, T. 1972. Genetic similarities among seven cattle populations of eastern Asia and Holstein breed. SABARO Newslett. 4: 17-25.
Namikawa, T. 1981. Geographical distribution of bovine hemoglobin-beta (Hbb) alleles and the phylogenic analysis of the cattle in eastern Asia. Z. Tierzüchtg. Züchtgsbiol. 98: 151-159.
並河鷹夫・天野　卓．1974．タイ国在来牛の遺伝子構成と東アジア家畜牛における遺伝的類縁関係．在来家畜研究会報告 6: 60-78.
並河鷹夫・天野　卓・T. I. Azmi・M. Hilmi．1976．西マレーシア家畜牛における毛色変異と遺伝子構成について．在来家畜研究会報告 7: 64-92.
並河鷹夫・天野　卓・J. S. Masangkay．1978．フィリッピン在来牛の毛色，血液型，血液蛋白・酵素の変異．在来家畜研究会報告 8: 33-39.
並河鷹夫・天野　卓・竹中　修・M. Harimulti・W. Widji．1983．インドネシア産牛およびbentengによる血液型と血液蛋白・酵素型．在来家畜研究会報告 10: 68-81.
Namikawa, T., S. Ito and T. Amano. 1984. Genetic relationships and phylogeny of east and southeast Asian cattle: genetic distance and principal component analyses. Z. Tierzüchtg. Züchtgsbiol. 101: 17-32.
並河鷹夫・坪田祐司・天野　卓・西田隆雄・H. W. Cyril．1986．スリランカ産在来牛の血液蛋白多型，血液型および体尺測定．在来家畜研究会報告 11: 95-107.
並河鷹夫・天野　卓・岡田育穂・M. A. Hasnath．1988．バングラデシュ産在来牛およびガヤールの血液型と血液蛋白・酵素の遺伝的変異．在来家畜研究会報告 12: 77-88.
並河鷹夫・天野　卓・山本義雄・角田健司・庄武孝義・西田隆雄・H. B. Rajbhandary．1992．ネパールの在来牛，ヤクおよび雑種（ゾーパ）の血液型，血液蛋白多型に基づく遺伝的分化．在来家畜研究会報告 14: 17-37.
Namikawa, T., T. Amano, Y. Kawamoto, Y. Kikkawa, K. Nozawa, T. Hashiguchi, J. Xu, F. Yang, A. Liu, W. Xu and L. Shi. 1995. Coat-color variations, blood groups and blood protein/enzyme polymorphisms in the native cattle of Dali Bai and Xishuangbanna Dai Autonomous Prefectures of Yunnan Province and gayals (*Bos gaurus frontalis*) in China. Rep. Soc. Res. Native Livestock 15: 27-41.
Nathans, J. and D. S. Hogness. 1983. Isolation, sequence analysis, and intron-exon arrangement of the gene encoding bovine rhodopsin. Cell 34: 807-814.

Nathans, J. and D. S. Hogness. 1984. Isolation and nucleotide sequence analysis of the gene encoding human rhodopsin. Proc. Natl. Acad. Sci. USA. 81: 4851-4855.

Nathans, J., D. Thomas and D. S. Hogness. 1986. Molecular genetics of human color vision: the genes encoding blue, green and red pigments. Science 232: 193-202.

Nickel, R. and H. Wilkens. 1955. Zur Topographie des Rindermägens. Berl. Münch. Tierärztl. Wschr. 68: 264-270.

Nishida, T., Y. Hayashi, C. S. Lee, Y. J. Cho, T. Hashiguchi and K. Mochizuki. 1983. Measurement of the skull of native cattle in Korea. Jpn. J. Vet. Sci. 45: 537-541.

農林水産省統計情報部, 編. 1998. 畜産統計. 農林統計協会, 東京.

Nowak, R. M. 1999. Walker's Mammals of the World, vol. 2. 6th ed. Johns Hopkins University Press, London.

野澤　謙. 1983. 日本の家畜とその系統.（佐々木高明, 編：日本農耕文化の源流）pp. 211-242. 日本放送出版協会, 東京.

Oesch, B., D. Westaway, M. Walachli, M. P. McKinley, S. B. H. Kent, R. Aebersold, R. A. Barry, P. Tempst, D. B. Teplow, L. E. Hood, S. B. Prusiner and C. Weissmann. 1985. A cellular gene encodes scrapie PrP 27-30 protein. Cell 40: 735-746.

O'Gara, B. W. and G. Matson. 1975. Growth and casting of horns by pronghorns and exfoliation of horns by bovids. J. Mamm. 56: 829-846.

小川辰男・金城俊夫・丸山　務, 編. 1995. 獣医公衆衛生学. 文永堂, 東京.

Ohh, B. K., K. C. Hwang, H. Y. Lee, B. C. Lee, W. S. Hwang and J. Y. Han. 1996. Simple and rapid sex determination of preimplanted bovine embryos with male specific repetitive sequence. Kor. J. Anim. Sci. 38: 43-51.

大泰司紀之. 1986. 偶蹄類.（後藤仁敏・大泰司紀之, 編：歯の比較解剖学）pp. 191-197. 医歯薬出版, 東京.

大泰司紀之. 1998. 哺乳類の生物学②形態. 東京大学出版会, 東京.

Ohtani, S. and K. Okuda. 1995. Histological observation of the endometrium in repeat breeder cows. J. Vet. Med. Sci. 57: 283-286.

Olivieri, A., F. Gandini, A. Achilli, A. Fichera, E. Rizzi, S. Bonfiglio, V. Battaglia, S. Brandini, A. De Gaetano, A. El-Beltagi, H. Lancioni, S. Agha, O. Semino, L. Ferretti and A. Torroni. 2015. Mitogenomes from Egyptian cattle breeds: new clues on the origin of haplogroup Q and the early spread of *Bos taurus* from the Near East. PLoS ONE 10: e0141170.

小野憲一郎. 1988. ケトーシス.（清水高正・稲葉右二・小沼　操・金川弘

司・藤永　徹・本好茂一，編：牛病学［第二版］）pp. 550-555. 近代出版，東京.
Osterhoff, D. R. 1975. Hemoglobin types in African cattle. J. South. Afr. Vet. Ass. 46: 185-189.
小澤義博．1997．東南アジアおよび台湾における口蹄疫情勢とその防疫対策．J. Vet. Med. Sci. 59: J9-J20.
小澤義博．2000．極東における口蹄疫の発生状況．J. Vet. Med. Sci. 62: J1-J6.
Palmer, M. S. and J. Collinge. 1997. Prion deseases: an introduction. In:（J. Collinge and M. S. Palmer eds.）Prion Disease. pp. 1-17. Oxford University Press, Oxford.
Payne, W. J. A. and J. Hodges. 1997. Tropical Cattle: Oringins, Breed and Breeding Policies. Blackwell, Oxford.
Perez-Barberia, F. J., L. Robles and C. Nores. 1996. Horn growth pattern in Cantabrian chamois *Rupicapra pyrenica parva*: influence of sex, location and phaenology. Acta Theriol. 41: 83-92.
Perez・Barberia, F. J. and I. G. Gordon. 1998. Factors affecting food comminution during chewing in ruminants: a review. Biol. J. Linn. Soc. 63: 233-256.
Perkins, D., Jr. 1969. Fauna of Çatal Hüyük: evidence for early cattle domestication in Anatolia. Science 164: 177-179.
Peters, A. R. and P. J. H. Ball. 1996. Reproduction in Cattle. 2nd ed. Blackwell, Oxford.
Peters, J. 1988. Osteomorphological features of the appendicular skeleton of African buffalo, *Synceros caffer* and of domestic cattle, *Bos primigenius*. Z. Saügetierkunde 53: 108-123.
Phillips, R. W. 1961. World distribution of the major types of cattle. J. Hered. 52: 207-213.
Phillipson, A. T. 1964. The digestion and absorption of nitrogenous compounds in the ruminant. In:（H. M. Munro and J. B. Allison eds.）Mammalian Protein Metabolism. vol. 1. pp. 71-103. Academic Press, New York.
Popesko, P. 1961. Atlas der Topographischen Anatomie der Haustiere. Gustav Fischer Verlag, Jena.
Prusiner, S. B. 1982. Novel proteinaceous infectious particles cause scrapie. Science 216: 136-144.
Pucher, E. 1983. Neolithic animal bones of the Schanzboden near Falkenstein（Lower Austria）. Ann. Naturhistorische. Mus. Wien, Ser. B87: 137-176.

Rahmani, A. R. 1988. Grassland birds of the Indian subcontinent: a review. ICBP Tech. Publ. 7: 187-204.

Ridley, R. M., H. F. Baker and C. P. Windle. 1996. Failure to transmit bovine spongiform encephalopathy to marmosets with ruminant-derived meal. Lancet 348: 56.

Romer, A. S. 1966. Vertebrate Paleontology. 3rd ed. The University of Chicago Press, Chicago.

ローマー, A. S. 1983. 平光厲司, 訳. 脊椎動物のからだ. 法政大学出版局, 東京. Romer, A. S. 1977. The Vertebrate Body. 5th ed. W. B. Saunders, Philadelphia.

Rouse, J. E. 1970. World Cattle. vol. 1-2. University of Oklahoma Press, Norman.

Rouse, J. E. 1973. World Cattle. vol. 3. University of Oklahoma Press, Norman.

Russell, N., L. Martin and H. Buitenhuis. 2005. Cattle domestication at Çatalhöyük revisited. Curr. Anthropol. 46: S101-S108.

Sack, W. O. 1968. Abdominal topography of a cow with left abomasal displacement. Am. J. Vet. Res. 29: 1567-1575.

Sack, W. O. 1972. Das Blutgefässystem des Labmagens von Rind und Ziege. Zbl. Vet. Med., C., Anat. Histol. Embryol. 1: 27-54.

Sadler, T. W. 1985. Langman's Medical Embryology. 5th ed. Williams & Wilkins, Baltimore.

相良峯守. 1997. ニーベルンゲンの歌. 岩波書店, 東京. (原書：作者成立年不明)

Sakaguchi, S., S. Katamine, N. Nishida, R. Moriuchi, K. Shigematsu, T. Sugimoto, A. Nakatani, Y. Kataoka, T. Houtani, S. Shirabe, H. Okada, S. Hasegawa, T. Miyamoto and T. Noda. 1996. Loss of cerebellar Purkinje cells in aged mice homozygous for a disrupted PrP genes. Nature 380: 528-531.

Sakona, Y. 1995. Greenhouse gas emission inventory for Senegal, 1991. Envir. Monit. Ass. 38: 291-299.

Sasaki, S., T. Yamada, S. Sukegawa, T. Miyake, T. Fujita, M. Morita, T. Ohta, Y. Takahagi, H. Murakami, F. Morimatsu and Y. Sasaki. 2009. Association of a single nucleotide polymorphism in *akirin 2* gene with marbling in Japanese Black beef cattle. BMC Res. Notes 2: 131.

Sasazaki, S., S. Odahara, C. Hiura, F. Mukai and H. Mannen. 2006. Mitochondrial DNA variation and genetic relationships in Japanese and Korean cattle. Asian-Aust. J. Anim. Sci. 19: 1394-1398.

佐藤英明．1994．トキ遺伝情報の管理と利用の問題点．(希少野生動物の保存と利用に関する研究報告書) pp. 24-36．早稲田大学人間総合研究センター，東京．

Satoh, K. 1997. Comparative functional morphology of mandibular forward movement during mastication of two murid rodents *Apodemus speciosus* (Murinae) and *Clethrionomys rufocanus* (Arvicolinae). J. Morphol. 231: 131-142.

佐藤衆介・伊藤　巌・林　兼六．1976．放牧牛の食草時における spatial pattern．日草誌 22: 313-318.

Scheifinger, C. C. and M. J. Wolin. 1973. Propionate formation from cellulose and soluble sugars by combined cultures of *Bacteroides succinogenes* and *Selenomonas ruminatium*. Appl. Wicrobiol. 26: 789-795.

Schein, N. W. and M. H. Fohrman. 1955. Social dominance relationships in a herd of dairy cattle. Brit. J. Anim. Behav. 3: 45-55.

Scheu, A., S. Hartz, U. Schmölcke, A. Tresset, J. Burger and R. Bollongino. 2008. Ancient DNA provides no evidence for independent domestication of cattle in Mesolithic Rosenhof, Northern Germany. J. Archaeol. Sci. 35: 1257-1264.

Schnorr, B. and B. Vollmerhaus. 1968. Das Blutgefässystem des Pansens von Rind und Ziege. IV. Mitteilung zur funktionellen Morphologie der Vormägen der Hauswiederkäuer. Zbl. Vet. Med. A15: 799-828.

Schreiber, J. 1953. Topographisch-Anatonische Beitrag zur klinischen Untersuchung der Rumpfeingeweide des Rindes. Wien. Tierärztl. Wschr. 40: 131-144.

Sclater, P. L. 1901. On an apparently new species of Zebra from the Semliki Forest. Proc. Zool. Soc. Lond. 1901: 50-52.

Scott, M. D. and C. M. Janis. 1987. Phylogenetic relationships of the Cervidea, and the case for a superfamily "Cervoidea". *In*: (C. M. Wemmer ed.) Biology and Managemant of Cervidae. pp. 3-20. Smithson. Inst. Press, Washington.

Selim, H. M., S. Imai, O. Yamato, A. E. Kabbany, F. Kiroloss and Y. Maede. 1966. Comparative study of rumen ciliates in buffalo, cattle and sheep in Egypt. J. Vet. Med. Sci. 58: 799-801.

芝田清吾．1948．家畜人工授精の研究．明文堂，東京．

芝田清吾．1955．和牛新論．富民社，大阪．

清水寛一・佳山良正・正田陽一・志賀勝治・深沢利行・森田琢磨・山本禎紀・山田行雄・川島良治・朝日田康司・源馬琢磨・林　兼六・長野　実．1981．畜産学．文永堂，東京．

清水悠紀臣・鹿江雅光・田淵　清・平棟孝志・見上　彪，編．1995．獣医伝染病学［第4版］．近代出版，東京．

白井恒三郎．1944．日本獣医学史．文永堂，東京．

正田陽一．1987a．牛．（正田陽一，編：人間がつくった動物たち）pp. 15-44. 東京書籍，東京．

正田陽一，監修．1987b．世界家畜図鑑．講談社，東京．

シルバーバーグ，R. 1983. 佐藤高子，訳．地上から消えた動物．早川書房，東京．Silverberg, R. 1967. The Dodo, the Auk and the Oryx. Crowell, New York.

Simpson, G. G. 1945. The principles of classification and a classification of mammals. Bull. Amer. Mus. Nat. Hist. 85: 1-350.

Smith, J. M. and R. J. G. Savage. 1959. The mechanics of mammalian jaws. School Sci. Rev. 40: 289-301.

Solounias, N. 1988. Evidence from horn morphology on the phylogenetic relationship of the pronghorn (*Antilocapra Americana*). J. Mamm. 69: 140-143.

Stevens, C. E., A. F. Sellers and F. A. Spurrell. 1960. Function of the bovine omasum in ingesta transfer. Am. J. Physiol. 198: 449-455.

Stevens, C. E. and I. D. Hume. 1995. Comparative Physiology of the Vertebrate Digestive System. 2nd ed. Cambridge University Press, Cambridge.

Stock, F., C. J. Edwards, R. Bollongino, E. K. Finlay, J. Burger and D. G. Bradley. 2009. *Cytochrome b* sequences of ancient cattle and wild ox support phylogenetic complexity in the ancient and modern bovine populations. Anim. Genet. 40: 694-700.

Strain, G. M., M. S. Claxton, B. M. Olcott and S. E. Turnquist. 1990. Visual-evoked potentials and eletroretinograms in ruminants with thiamine-responsive polioencephalomalacia or suspected listeriosis. Am. J. Vet. Res. 51: 1513-1517.

Svendsen, P. 1970. Abomasal displacement in cattle. Nord. Vet. Med. 22: 571-577.

Syme, G. J. 1974. Competitive orders as measures of social dominance. Anim. Behav. 22: 931-940.

Syme, L. A., G. J. Syme, T. G. Waite and A. J. Pearson. 1975. Spatial distribution and social status in a small herd of daily cows. Anim. Behav. 23: 609-614.

髙橋迪雄．1988．生殖周期．（鈴木善祐ほか：新家畜繁殖学）pp. 5-12. 朝倉書店，東京．

Takasuga, A., T. Watanabe, Y. Mizoguchi, T. Hirano, N. Ihara, A. Takano, K. Yokouchi, A. Fujikawa, K. Chiba, N. Kobayashi, K. Tatsuda, T. Oe, M. Furukawa-Kuroiwa, A. Nishimura-Abe, T. Fujita, K. Inoue, K. Mizoshita, A. Ogino and Y. Sugimoto. 2007. Identification of bovine QTL for growth and carcass traits in Japanese Black cattle by replication and identical-by-descent mapping. Mamm. Genome 18: 125-136.

高槻成紀．1999．生物多様性の保全を考える──有蹄類の採食と群落の多様性を例に．哺乳類科学 39: 65-74.

Tamate, H., A. D. McGilliard, N. L. Jacobson and R. Getty. 1962. Effect of various dietaries on the anatomical development of the stomach in the calf. J. Dairy Sci. 45: 408-420.

Tamate, H., T. Kikuchi, A. Onodera and T. Nagatani. 1971. Scanning electron microscopic observation on the surface of the bovine rumen mucosa. Arch. Histol. Jap. 33: 273-282.

田中智夫．1997．個体維持行動．（三村　耕，編：改訂版家畜行動学）pp. 34-56．養賢堂，東京．

田隅本生．2000．哺乳類の分類群名，特に目名の取扱いについて──文部省の"目安"にどう対処するか．哺乳類科学 40: 83-99.

Terada, Y., M. Ishida and H. Yamanaka. 1995. Resistibility to *Theileria sergenti* infection in Holstein and Japanese black cattle. J. Vet. Med. Sci. 57: 1003-1006.

Terada, Y., Y. Kariya, S. Terui, S. Shioya, S. Shimizu and K. Fujisaki. 1997. Comparison of resistance to *Theileria sergenti* infection between Holstein and Japanese black cattle under grasing conditions. JARQ 31: 219-223.

Terai, S., H. Endo, W. Rerkamnuaychoke, E. Hondo, S. Agungpriyono, N. Kitamura, M. Kurohmaru, J. Kimura, Y. Hayashi, T. Nishida and J. Yamada. 1998. An osteometrical study of the cranium and mandible of the lesser mouse deer (Chevrotain), *Tragulus javanicus*. J. Vet. Med. Sci. 60: 1097-1105.

Troy, C. S., D. E. MacHugh, J. F. Bailey, D. A. Magee, R. T. Loftus, P. Cunningham, A. T. Chamberlain, B. C. Sykes and D. G. Bradley. 2001. Genetic evidence for Near-Eastern origins of European cattle. Nature 410: 1088-1091.

津田恒之．1982．家畜生理学．養賢堂，東京．

Tsuda, K., R. Kawahara-Miki, S. Sano, M. Imai, T. Noguchi, Y. Inayoshi and T. Kono. 2013. Abundant sequence divergence in the native Japanese cattle *Mishima-Ushi* (*Bos taurus*) detected using whole-genome sequencing.

Genomics 102: 372-278.

通産省工業技術院資源環境技術総合研究所，編．1996．地球環境・エネルギー最前線．森北出版，東京．

上坂章次．1964．原色家畜家禽図鑑．保育社，大阪．

植竹勝治．1999．乳牛の視聴覚認知と学習を利用した群管理技術に関する研究．北海道農業試験場研究報告 170: 9-43.

Vermorel, M. 1995. Yearly methane emissions of digestive origin by cattle in France. Variation with type and level of production. Prod. Anim. 8: 265-272.

Verschooten, F., W. Oyaert, A. De Moor and P. Desmet. 1970. Treatment of dilatation and right abomasal displacement in cattle by pyloroplasty or pyloromyotomy. Vet. Rec. 86: 371-373.

Vigne, J.-D. and D. Helmer. 2007. Was milk a "secondary product" in the Old World Neolithisation process? Its role in the domestication of cattle, sheep and goats. Anthropozoologica 42: 9-40.

Wakayama, T., A. C. F. Perry, M. Zuccotti, K. R. Johnson and R. Yanagimachi. 1998. Full-term development of mice from enucleated oocytes injected with cumulus cell nuclei. Nature 394: 369-374.

Warner, E. D. 1979. The organogenesis and early histogenesis of the bovine stomach. Am. J. Anat. 102: 33-64.

Watanabe, N., T. Yamada, S. Yoshioka, M. Itoh, Y. Satoh, M. Furuta, S. Komatsu, Y. Sumio, T. Fujita and Y. Sasaki. 2010. The T allele at the $g.1471620G>T$ in the $EDG1$ gene associated with high marbling in Japanese Black cattle is at a low frequency in breeds not selected for marbling. Anim. Sci. J. 81: 142-144.

Weber, A. F. 1977. The bovine mammary gland. Structure and function. JAVMA. 170: 1133-1136.

Weijs, W. A. 1975. Mandibular movements of the albino rat during feeding. J. Morphol. 145: 107-124.

Will, R. G., J. W. Ironside, M. Zeidler, S. N. Consens, K. Estibeiro, A. Alperovitch, S. Poser, M. Pocchiari, A. Hofman and P. G. Smith. 1996. A new variant of Creutzfeldt-Jakob disease in the UK. Lancet 347: 921-925.

Williams, A. G. and G. S. Coleman. 1991. The Rumen Protozoa. Springer Verlag, New York.

Wilmut, I., A. E. Schinieke, J. McWhir, A. J. Kind and K. H. Campbell. 1997. Viable offspring derived from fetal and adult mammalian cells. Nature 385: 810-813.

Yamada, T. 2014. Genetic dissection of marbling trait through integration of mapping and expression profiling. Anim. Sci. J. 85: 349-355.

Yamada, T., M. Itoh, S. Nishimura, Y. Taniguchi, T. Miyake, S. Sasaki, S. Yoshioka, T. Fujita, K. Shiga, M. Morita and Y. Sasaki. 2008. Association of single nucleotide polymorphisms in the *endothelial differentiation sphingolipid G-protein-coupled receptor 1* gene with marbling in Japanese Black beef cattle. Anim. Genet. 40: 209-216.

Yamada, T., S. Sasaki, S. Sukegawa, T. Miyake, T. Fujita, H. Kose, M. Morita, Y. Takahagi, H. Murakami, F. Morimatsu and Y. Sasaki. 2009a. Novel SNP in 5' flanking region of *EDG1* associated with marbling in Japanese Black beef cattle. Anim. Sci. J. 80: 486-489.

Yamada, T., S. Sasaki, S. Sukegawa, T. Miyake, T. Fujita, H. Kose, M. Morita, Y. Takahagi, H. Murakami, F. Morimatsu and Y. Sasaki. 2009b. Association of a single nucleotide polymorphism in ribosomal protein L27a gene with marbling in Japanese Black beef cattle. Anim. Sci. J. 80: 631-635.

Yamane, L. and K. Kato. 1936. Uber die Abstammung der otasiatischen Hausrinder auf Grund der vergleichenden Morphologie der Brustwirbel bei den Boviden. Zool. Mag. 48: 705-716.

山内和也・立石　潤．1995．スローウイルス感染とプリオン．近代出版，東京．

山内和也・小野寺節．1996．プリオン病――牛海綿状脳炎のなぞ．近代出版，東京．

安田純夫・村上大蔵．1986．新版獣医内科学．文永堂，東京．

Zeder, M. A. 2008. Domestication and early agriculture in the Mediterranean Basin: origins, diffusion, and impact. Proc. Natl. Acad. Sci. USA. 105: 11597-11604.

ズーナー，F. E. 1983．国分直一・木村伸義，訳．家畜の歴史．法政大学出版局，東京．Zeuner, F. E. 1963. A History of Domesticated Animals. Hutchinson, London.

Ziegler, H. and W. Moismann. 1960. Anatomie und Physiologie der Rindermilchdürse. Paul Parey, Berlin.

事項索引

[ア行]

アンモニア　100
胃液　106
イェリコ　20
育種　21
胃酸　106
インド　22
ウイルス　142
牛海綿状脳症（BSE）　155
右第一胃動脈　93
役用　120, 137
エジプト　21
SNP 解析　178, 183
黄体　62, 151
温暖化　166

[カ行]

外陰部動脈　70
外側板　70
解剖学　73
海洋島　163
カエサル　17
顎関節　42
角突起　52
顎二腹筋　41
家畜化　20, 116
眼球　44
揮発性脂肪酸　83, 99
牛疫　142
臼歯　38
QTL 解析　183
牛肺疫　143
狂牛病　155
強健性　118, 129
胸垂　115
筋柱　81
空回腸　107

偶蹄　34
クロッピング　33
クローン　153
結腸　108
結腸円盤　108
ケトーシス　150
ケトン体　150
犬歯　34
原種　15, 161
原生動物（原虫）　102
後胃　76
咬筋　41
口蹄疫　146
抗病性　118
古代 DNA　172
骨盤腔　58

[サ行]

細菌　97, 142
細菌叢　98
左胃大網動脈　93
左胃動脈　93
在来家畜研究会　133
搾乳　28
左第一胃動脈　93
サーベイランス型認知　46
視覚　44
色覚　46
子宮　59
子宮角　61
子宮頸　60
子宮頸管　60
子宮広間膜　62
子宮小丘　61
子宮動脈　66
歯床板　36
舌　33
肢端　49

脂肪　105
脂肪交雑　182
霜降り　139, 182
ジャーデ　171
ジャルモ　20
雌雄産み分け　26
十二指腸　107
重弁胃　85
受精卵移植　26
出血性敗血症　142
順位　53
小腸　107
小網　91
植生　163
食道　76
植物繊維　98
初乳　24, 95
人工授精　25
新石器時代　176
スクレイピー　155
性成熟　25
舌骨　33
切歯　34
絶滅　15, 140, 162
セルロース　98
前胃　76
前腸間膜動脈　108
繊毛虫　102
創傷性第二胃腹膜炎　149
増体　127
側頭筋　40
咀嚼筋　40

[タ行]

第一胃　79
第三胃　85
第三胃管　82
第三胃葉　87
胎子　64
大腸　108
第二胃　81
第二胃溝　82
胎盤　64
大網　90
第四胃　87
第四胃変位　148
唾液　100
炭水化物　99

炭疽　143
タンパク質　99
膣　59
膣前庭　59
チャタル・ホユック　171
チャヨヌ　171
チューイング　40
直腸　108
直腸検査　63
角　52
蹄行性　49
泥炭牛　22
敵対行動　53
闘牛　139
闘争行動　53

[ナ行]

内側板　70
内側翼突筋　41
ナガナ病　133, 144
肉質　129
肉用　127
乳管　67
乳管洞　67
乳区　67
乳脂率　122, 126
乳腺　66
乳頭　67
乳肉兼用　126
乳房　67
乳房炎　149
乳房提靱帯　69
乳用　122
乳量　122
尿素　100
妊娠　63
嚢腫様黄体　151

[ハ行]

バイト　33
背嚢　81
排卵　25, 62
醗酵　97
発情　25
発情周期　63
ハプログループ　172
反芻　84
反芻胃　76, 84

ビタミン　105
肥沃な三日月弧　171
ピロプラズマ病　145
品種　111
品種学　111
ヒンズー教　159
腹腔動脈　93
腹嚢　81
プリオン　155
壁画　16, 21
蜂巣胃　83
牧場実習　31

[マ行]

マイコプラズマ　143
マーカーアシスト選抜　183
末節骨　49
ミルカー　28
ミンク伝染性脳炎　156

迷走神経　92
メソポタミア　21
メタン　85, 166
盲腸　108
網膜　47
本橋平一郎　136

[ヤ行]

ヤコブ病　157

[ラ行]

卵管　61
卵管漏斗　61
卵巣　62
卵胞　62
リピートブリーダー　151
リピートブリーディング　151
リンパ節　93
ルーメン　79

生物名索引

[ア行]

アジアスイギュウ 54
アバディーン・アンガス 129
アフリカスイギュウ 55
アルシ 133
アンコール 132
イソトリカ科 102
イノシシ 38
イングリッシュロングホーン 140
インド牛 113
インド・ブラジル 120
ウシ亜科 3
ウシ科 2, 14
ウシ属 3
エアシャー 124
オウシマダニ 145
オフリオスコレックス科 102
オーロックス 5, 15, 140, 161
オンゴール 120

[カ行]

ガウル 3, 134, 161
褐毛和種 137
カマルグ 139
カンクレージ 120
ガンジー 124
キアニーナ 185
ギャロウェー 129
キリン科 10
ギル 120
偶蹄目 1
偶蹄類 1
グゼラ 120
口之島牛 137, 180, 181
クリ 133
クリオーロ 140
黒毛和種 137

齧歯類 43
ケリガー 120
原牛 5, 173
黄牛 135
こぶウシ 113
コープレイ 4, 161

[サ行]

在来牛 131
サヒワール 122
サンガ 132
シカ 9
ジャコウウシ 57
ジャージー 124
シャロレー 129
ショートホーン 127
ジール 120
シンド 122
シンメンタール 126
スイギュウ 54, 162
スイス・ブラウン 124
ゼブー 113, 173
ゾー 134

[タ行]

ダニ 145
デクスター 140
デボン 129
デ・リディア 139
トリコモナス 144
トリパノソーマ 132, 144

[ナ行]

ニホンカモシカ 53
日本短角種 137
ネコ科 51
ノルマン 126

[ハ行]

ハイランズ 129
ハリアナ 120
バリウシ 4, 134
反芻亜目 2
バンテン 3, 134 161
ヒツジ 155
フタトゲチマダニ 145
ブラウン・スイス 124
ブラーマン 118
ブリティッシュホワイト 140
プロングホーン 13
ヘレフォード 127
ボラン 122
ホルスタイン 23, 122
ホワイトフラニ 132

[マ行]

マメジカ 7

見島牛 135, 180, 181
ミタン 4, 134
無角和種 137

[ヤ行]

ヤク 3, 134, 161
ヨーロッパ系 122
ヨーロッパバイソン 16

[ラ行]

ラクダ 62
ラット 63
リムーザン 129
霊長類 44

[ワ行]

和牛 138

ンダーマ 133

[編者紹介]

林　良博（はやし・よしひろ）

- 1946年　広島県に生まれる．
- 1969年　東京大学農学部卒業．
- 1975年　東京大学大学院農学系研究科博士課程修了．
  東京大学大学院農学生命科学研究科教授，東京大学総合研究博物館館長，山階鳥類研究所所長，東京農業大学教授などを経て，
- 現　在　国立科学博物館館長，東京大学名誉教授，農学博士．
- 専　門　獣医解剖学・ヒトと動物の関係学．「ヒトと動物の関係学会」を設立，初代学会長を務め，「ヒトと動物の関係学」の研究・普及・教育に尽力する．
- 主　著　『イラストでみる犬学』（編，2000年，講談社），「ヒトと動物の関係学［全4巻］」（共編，2008-2009年，岩波書店）ほか．

佐藤英明（さとう・えいめい）

- 1948年　北海道に生まれる．
- 1971年　京都大学農学部卒業．
- 1974年　京都大学大学院農学研究科博士課程中退．
  京都大学農学部助教授，東京大学医科学研究所助教授，東北大学大学院農学研究科教授，紫綬褒章受章，日本学士院賞受賞，家畜改良センター理事長などを経て，
- 現　在　東北大学名誉教授，農学博士．
- 専　門　生殖生物学・動物発生工学．体細胞クローンや遺伝子操作など家畜のアニマルテクノロジーを研究テーマとする．
- 主　著　『動物生殖学』（編，2003年，朝倉書店），『アニマルテクノロジー』（2003年，東京大学出版会）ほか．

眞鍋　昇（まなべ・のぼる）

- 1954年　香川県に生まれる．
- 1978年　京都大学農学部卒業．
- 1983年　京都大学大学院農学研究科博士課程研究指導認定退学．
  日本農薬株式会社研究員，パスツール研究所研究員，京都大学農学部助教授，東京大学大学院農学生命科学研究科教授などを経て，
- 現　在　大阪国際大学学長補佐教授，日本学術会議会員，東京大学名誉教授，農学博士．
- 専　門　家畜の繁殖，飼養管理，伝染病統御，放射性物質汚染などにかかわる研究の成果を普及させて社会に貢献することに尽力している．
- 主　著　『卵子学』（分担執筆，2011年，京都大学出版会），『牛病学　第3版』（編，2013年，近代出版）ほか．

[著者紹介]

遠藤秀紀（えんどう・ひでき）

1965 年	東京都に生まれる.
1991 年	東京大学農学部卒業.
	国立科学博物館動物研究部研究官，京都大学霊長類研究所教授を経て，
現　在	東京大学総合研究博物館教授，博士（獣医学）．
専　門	遺体科学・比較解剖学．動物の死体を大量に収集・解剖し，形態を比較することで，からだの進化の歴史を探る．家畜のからだには人間が込めた育種の動機が残されていると考え，家畜と人間の間柄に解剖学から迫っている．
主　著	『東大夢教授』（2011 年，リトルモア），『有袋類学』（2018 年，東京大学出版会）ほか．

アニマルサイエンス②
ウシの動物学［第 2 版］

2001 年 7 月 10 日　初　版第 1 刷
2019 年 8 月 5 日　第 2 版第 1 刷

［検印廃止］

著　者　遠藤秀紀

発行所　一般財団法人　東京大学出版会

代表者　吉見俊哉

〒153-0041 東京都目黒区駒場 4-5-29
電話 03-6407-1069　Fax 03-6407-1991
振替 00160-6-59964

印刷所　株式会社三秀舎
製本所　誠製本株式会社

Ⓒ 2019 Hideki Endo
ISBN 978-4-13-074022-7　Printed in Japan

JCOPY　〈出版者著作権管理機構 委託出版物〉
本書の無断複製は著作権法上での例外を除き禁じられています．複製される場合は，そのつど事前に，出版者著作権管理機構（電話 03-5244-5088, FAX 03-5244-5089, e-mail: info@jcopy.or.jp）の許諾を得てください．

身近な動物たちを丸ごと学ぶ

林 良博・佐藤英明・眞鍋 昇 [編]

アニマルサイエンス [第2版]

[全5巻] ●体裁：A5判・横組・平均224ページ・上製カバー装
●定価：各巻定価（本体価格3800円+税）

① ウマの動物学 [第2版]　近藤誠司
② ウシの動物学 [第2版]　遠藤秀紀
③ イヌの動物学 [第2版]　猪熊 壽・遠藤秀紀
④ ブタの動物学 [第2版]　田中智夫
⑤ ニワトリの動物学 [第2版]　岡本 新